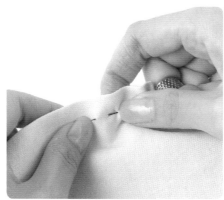

从零开始学缝纫

日本成美堂出版编辑部◎著　赵怡凡◎译

河南科学技术出版社
·郑州·

C O N T E N T S

目 录

主编简介

木所未贵

　　生于东京，服装作家。曾在时装公司任职，后以制作个人作品为目标，担任其恩师的助手，开始了自己的缝纫制作之路。不拘泥于流行趋势和种类的限制，以展现素材与颜色的固有特色为主旨，在自己的博客中开始了各种"手工缝纫"。活跃在电视广告、舞台剧等行业，主要以定做服装为主。由于做工精细，赋予了作品鲜活的"生命力"，受到了广泛的好评。著有《手工缝纫之婴儿小物件》（成美堂出版）。

＊本书的使用方法

· 在P17至P108的基础课程中，基本以"材料"、"尺寸图"、"制作方法"的顺序进行讲解。

· 请根据尺寸图测量尺寸、制作纸样。其中，对初学者难度较高的部分附有相应的纸样。

· 缝纫作品中的重点部分标记有★符号，并在下方（或其他页）进行详细解释。

前言

如果可以自己设计并制作窗帘、背包等物品，

将是一件多么美妙的事情。

是不是觉得有些难度呢？

这里我们会从最基础的缝纫常识讲起，

你可以在缝纫作品的过程中逐渐增加难度，

掌握这些基础缝纫技能。

在最后的章节中，我们还为你介绍了缝纫中的常用技巧，

以及各种旧物再利用的小创意。

快准备好针、线和缝纫机，

让我们一起进入缝纫的世界吧！

缝纫的基本准备

必备工具

在开始缝纫之前，我们需要准备些什么呢？下面为大家介绍的这些小工具都是缝纫过程中不可缺少的小帮手。与这些得心应手的小工具们一起享受快乐的缝纫时光吧！

针插
将暂时不使用的手缝针、珠针插在针插上，既安全又方便。针插内部的填充棉可以起到防锈作用，并能够充当润滑剂，使用起来十分方便。

珠针
是缝合布料、固定纸样时不可或缺的小帮手，同时可以作为刺绣标记使用。建议选用不锈钢材质的珠针，这样就不必担心生锈问题啦。

顶针
将顶针套在持针手的中指上，在缝纫的时候，用来顶针尾，不仅可以防止手指受伤，而且更易于用力，使针穿透布料。常见的有金属材质与皮革材质的顶针。

手缝针
根据布料的厚薄程度，需选择不同号码的手缝针（参照下页）。号码越小针越粗。一般情况下，暗缝多选用短针，直线缝则选用长针。

机缝针
安装在缝纫机上的缝针（详见P46）。与手缝针相同，需根据布料厚薄来选择针的号码（参照下页）。机缝针的号码越大针越粗。

切线剪刀
正如其名，是进行切线等精细工序时的必备工具。因使用频率较高，所以应选择手感舒适、刀刃锋利的剪刀。

手缝线
手工缝纫时所用的线。根据素材及用途，常见的手缝线分为用途广泛的涤纶线、用于毛织物的丝线，以及粗壮结实的钉扣线。当然，使用时应选择与布料颜色相近的线。

机缝线
缝纫机缝纫时所用的线。由于机缝线的捻线方向与手缝线相反，因此用于手缝时会出现扭曲现象。而机缝线种类的选择是与手缝线相同的，需根据布料质地、用途及颜色选择合适的使用。

裁剪剪刀
裁剪布料的专用剪刀。如果用来裁剪纸张等除布料外的其他材料，则会影响剪刀的锋利程度，请避免使用。选择剪刀的时候，请根据自己的手形选择大小合适、重量适中的剪刀。

布、线、针 根据布料的质地选择合适的针、线是缝纫的基础。手工缝纫的时候，建议选择易走针且质地柔软的布料。

布 料	缝 纫 线		缝 纫 针	
	机缝线	手缝线	机缝针	手缝针
薄布 纱布（如图）、 巴厘纱等	90号涤纶线	涤纶手缝线	9号	8号、9号
普通布 宽幅布（如图）、平纹布、麻布等	60号涤纶线	涤纶手缝线	9号、11号	7号、8号
厚布 粗斜纹布、粗麻布（如图）、华达呢、棉绒等	60号涤纶线 （若最后正式缝制或针脚等要求缝纫强度时，可选用30号）	涤纶手缝线 钉扣用线	11号、14号	6号、7号
针织布 平针织物（如图）、特里克特经编布等	50号针织布用线	涤纶手缝线 针织布用线 （布料质地伸展性较强时使用）	针织布用针9号、11号	7~9号

复写用具

在绘制纸样或将纸样描绘在布料上时都离不开的小工具。
请根据用途选择一种最为合适的复写工具。

透明纸

大张薄纸，可以用来描绘纸样。在手工艺品商店即可买到，也可用描图纸代替。

点线滚轮

小小的锯齿在纸张上滚过，即可拓印下纸样的形状。在布料上绘制图样的时候，需搭配画粉纸使用。

骨笔

用尖端部分在布料上划过即可。在标记折痕、口袋位置等记号时使用。

画粉纸

与布料重叠放置，用点线滚轮或骨笔在纸上划过，即可留下印记。画粉纸分为双面与单面两种。

画粉笔

可直接在布料上标注记号的工具，有自动铅笔式与马克笔式等类型。对于初学者来说，选择可水洗的类型最佳。

方格尺

可用来测量尺寸，在纸样上画线，并可利用方格，绘制出准确的垂直线与平行线。

（专栏）**绗缝线的使用方法**

绗缝线，又名绷线，用于假缝，即固定布料或纸样。绗缝线质地松软，便于拆卸。通常情况下，新买的绗缝线为"麻花状"，为防止线缠绕成团，在使用前需先整理，准备步骤如下。

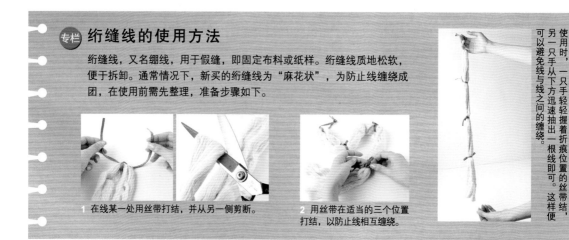

1 在线某一处用丝带打结，并从另一侧剪断。

2 用丝带在适当的三个位置打结，以防止线相互缠绕。

使用时，一只手轻轻握着折痕位置的丝带结，另一只手从下方迅速抽出一根线即可。这样便可以避免线与线之间的缠绕。

纸样的制作方法

下面为大家介绍直线与曲线的绘制方法。使用市面上销售的纸样绘制图案，也会用到这些画线方法。

直线的绘制

使用方格尺画线的时候，可边测量直角边画线。直接在布料上画线的时候，需注意布纹（详见P16）走势，配合经纬线绘制垂直线。

曲线的绘制

1 利用方格尺绘出直角后，使用半圆仪，在45°的位置上做出记号。

2 连结45°处的记号与直角顶点，并量出所需长度，标注记号。

3 将直角两边与步骤2中的记号相连接，描绘出平缓的曲线。

若想绘制出完美曲线，可利用其他圆形工具（如糖果盒子等）。

记号的标注方法

纸样做好之后，需将纸样的完成线、缝份线、接缝标记等拓印在布料上。选择适当的方法将记号标注在布料上之后，就可以开始裁剪了。

画粉笔的使用方法

利用方格尺在布料上直接画线即可。自动铅笔式与马克笔式的画粉笔使用方法相同。如果纸样中包含缝份部分，直接拓印纸样线即可，如果不包含缝份部分，则需在纸样外侧预留出足够的缝份，并做标记（如图所示）。

点线滚轮的使用方法

使用点线滚轮标注记号的时候，需先在布料下方或布料之间放置画粉纸后（如上图），方可在布料上方使用点线滚轮拓印纸样图案（如下图）。如果使用双面画粉纸，则可以在两块布料上留下记号。

其他工具 在必备工具的基础上，下面为大家介绍的这些小工具将帮助你更加便捷地完成缝纫。随着缝纫作品难度的提高，逐步添加上这些小工具吧！

拆线器
可用于拆线或开扣眼。拆线时，将尖端插入所需拆断的针脚中，尖端下的凹部即可将线或布料割断。

钻孔锥子
可代替手指完成精细作业，如拆线、整理包或袋的四角，用途颇为广泛。

穿针器
即将线穿过针鼻儿的工具（详见下页）。除图中所示类型外，还有固定在桌面上的其他类型。

穿绳器
用来穿线绳或衣裤的松紧带。照片中的夹取式穿绳器最为常见（详见P112），穿细绳、松紧带的时候也可用别针等其他工具代替。

熨斗
可以用来熨烫布料折痕、去除褶皱。熨斗的种类很多，其中蒸汽电熨斗使用效果最佳。建议选用便捷的充电电熨斗。

熨烫架、熨烫垫
熨烫衣物等大物件的时候建议选用固定式熨烫架（左图），熨烫小物件时则可以选择方便快捷的熨烫垫（右图）。

双面胶
布料专用双面胶带。用熨斗加热后即可紧紧地粘在布料上。可用于衣服下摆与领子的固定，方便、快捷。

热熔丝
遇热即熔的丝状黏合剂。夹在布料间，或粗略缝制后，加热即可完成固定。可用来固定细丝带、蕾丝等。

软尺
是服装制作时不可或缺的尺寸测量工具。与尺子相比，软尺柔软可弯曲，便于测量弯曲部位的尺寸。

手工缝纫的基础 准备好针和线，先从最基本的手工缝纫开始吧，不管是基础手法还是小窍门，全都不在话下。

穿线的方法

在缝纫的过程中，你是否被穿线问题困扰许久？那就快来学习这个小窍门吧！

1 用切线剪刀将线的尖端倾斜剪下。

2 尖尖的线头可轻易穿过针鼻儿。

打结的方法

分为手指打结与手缝针打结两种。

● **手指打结法**

1 将线的尾巴在食指上缠绕一周。

2 拇指压住线，与食指沿相反方向移动（如图所示）。线相互缠绕数周后，拉紧。

3 完成。

● **手缝针打结法**

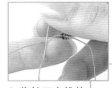

1 将针压在线的一端上。

2 将线尾在针上缠绕1~2圈。

3 用手指捏住缠绕后的线尾，另一只手将针引拔出。

顶针的使用方法

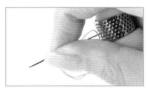

1 将顶针戴在持针手的中指上（位于第二指节处即可）。

2 缝纫时，用顶针顶住针尾。

3 借助顶针施力，将针从布料中顶出。

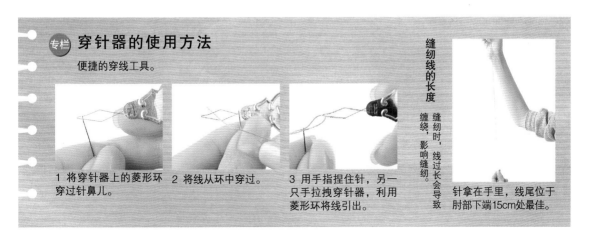

专栏 穿针器的使用方法

便捷的穿线工具。

1 将穿针器上的菱形环穿过针鼻儿。

2 将线从环中穿过。

3 用手指捏住针，另一只手拉拽穿针器，利用菱形环将线引出。

缝纫线的长度

缝纫时，线过长会导致缠绕，影响缝纫。

针拿在手里，线尾位于肘部下端15cm处最佳。

基本缝纫方法 让我们一起来学习如何起针、收针，以及四种最为常见的"直线缝纫"方法吧！

●起针与收针

为防止线尾绽开，起针时需至少缝上一针回针。

起针

针从布料中穿出后，在初次入针的位置再次入针，回针缝一针。

收针

打结后，回退至上一个针脚处再次入针，回针缝后，将线剪断。

●平针缝

正面与反面的针脚大小相等，是手缝的基本缝纫方法。

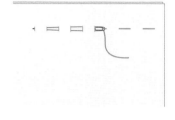

完成图（正面）

完成图（反面）

左手持布，有节奏地上下摆动送布，使布料间隔地插在针上，针脚宽度为0.3～0.4cm。当布料聚集在针上，无法向前推进时，将针引拔出，拉直（详见P14"拉线的方法"）。

●紧密平针缝

与平针缝相比，这种缝法的针脚更为紧密。在缝制褶皱等情况下，经常使用这种针法。

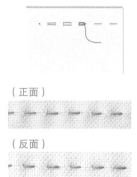

（正面）

（反面）

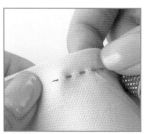

缝制方法与平针缝相同，左手持并有节奏地摆动送布，使针每隔0.1~0.2cm穿过布料一次，针脚紧密。

●半回针缝

每缝完一针向后退半针的缝纫方法。正面针脚与平针缝相同，但更加牢固。

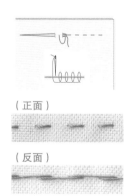

（正面）

（反面）

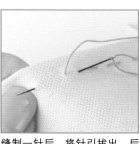

缝制一针后，将针引拔出，后退半个针距后入针，前进1.5倍针距后出针，如此反复即可。

绕缝方法 在缝纫短裙下摆等折边处时，经常会用到绕缝方法。

●回针缝

与半回针缝相似，边后退边前进，是手缝中最为牢固的缝纫方法。

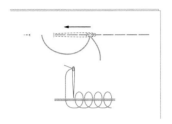

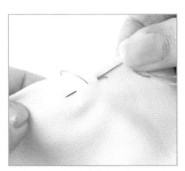

缝合一针后将针引拔出，在正面后退一个针距后入针，在背面前进两个针距，将针拉出，如此反复。

完成图（正面）

完成图（反面）

●斜针缝

在折边上倾斜引线的缝纫方法，是最为常见的绕缝方法。

完成图（正面）

为隐藏线结，第一针在上方布料上由内向外插出。将针拉出后，约前进0.5cm挑起下方布料，再次将针插入上方布料的折边上。每针以挑起一根织布线为宜。

●立针缝

引线与折边垂直，是较为结实的缝合方法。

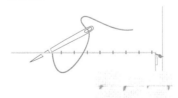

完成图（正面）

从上方布料的内侧向外引针，在上方挑起下侧布料（以一根织布线为宜），向前推进0.3cm，于上方布料的折痕位置出针。

●藏针缝

缝线隐藏在布料之间的缝合方法，多用于易磨损的下摆等处。

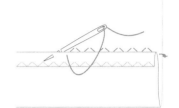

上方布料一端向下折叠，由内侧引针，上方布料与下方布料交替挑针，每针间隔0.5cm。挑起的布料以一根织布线为宜。左上方图片为引针时的照片。

完成图（正面）

完成图（布料内侧）

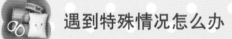
●拉线的方法

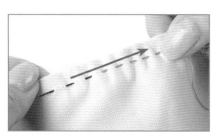

在平针缝的过程中，当布料聚集在手中无法继续缝纫的时候，需要拉线。这时，左手捏住布料，用右手拇指与食指的指肚捏住针脚，捋向起针方向。反复进行两三次即可。拉线过程注意线与布料的服帖、平整，避免褶皱的出现。

●缝错了

若遇到缝错的情况，用剪刀将线剪断，拆掉错误针脚即可。

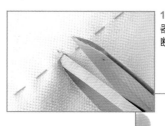

1 利用切线剪刀或拆线器，将需要拆掉的针脚剪断。

2 将剪断的线拆掉。

●线短了

在缝纫过程中，经常会遇到线不够用的情况。这时候，在更换新线后，与旧线针脚重叠缝制几针即可。

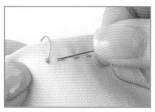

1 当线尾仅剩10cm的时候，打结，后退一个针距，回针缝一针后，将线剪断。

2 更换新线后，将针插入旧线回针缝的位置上。

3 新线针脚需与旧线重合，继续缝合即可。
＊为清晰演示，照片中更换了线的颜色

●隐藏线结

如何隐藏线结是缝纫中不可避免的小问题。下面将为大家介绍一种将线结隐藏在布料之间的小窍门。

1 线结位于布料表面。打结时需将线结尽量打得小一些。

2 稍稍用力拉线，使线结穿过表面的布料，隐藏在两片布料之间。

●调节用线长短的方法

在掌握了简单的缝纫方法之后，我们可以根据缝纫物品的尺寸、大小选择线的长短，这样可省去接线等步骤。

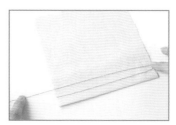

缝纫时的用线长度约为物品长度的两倍。但是线过长则容易产生缠绕、打结等情况，因此，线的长度最好不要超过物品40~50cm。

术语与符号 下面将对缝纫中经常遇到的术语以及纸样上的符号进行解释。本书的尺寸图与裁剪图中也将用到这些符号。

●正面相对 是指两片布料的正面位于内侧，相对放置。与此相反，两片布料的反面位于内侧则为"反面相对"。 	●斜裁 与布料的纹路成45°角裁剪，或是指倾斜裁剪的布料。45°是布料延展性最佳的角度。 	●假缝 为使针脚整齐、折痕平整，在正式缝合前进行的简单缝制，又称"粗缝"、"试样缝"。
●对齐点 多片布料缝合时，表示布料重叠对齐位置的符号。缝纫时，将符号重叠后缝制即可。 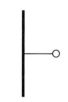	●布纹符号 表示布纹方向的符号。图中箭头方向为布纹的经纱方向。 	●折痕 该符号表示布料折叠后的折痕位置。纸样上标注"折痕"符号的位置，相当于布料折线的外侧。
●褶皱符号 利用机缝或紧密平针缝等方法对布料进行缩缝，以捏出褶皱。该符号表示布料的褶皱位置。 	●褶裥 将平整的布料重叠后缝制出立体褶裥的方法。将骑缝印重叠，缝合即可。 	●返口 为将正面相对缝合后的表布翻转至外侧而预留的开口。将表布翻出后，缝合即可。
●完成线 表示实际完成后线的位置。在纸样上以实线表示，也称为"净样线"。	●粗裁 在完成线外侧预留出缝份等部分的粗略裁剪。多用于黏合衬裁剪等场合。 	●按扣 也称子母扣。通常情况下，上方布料钉凸型上扣，下方钉凹型下扣。 

布纹及其整理

在布料中，以"布纹"表示布料纱线的纵横走向。"布纹整理"的目的在于对经纱与纬纱进行调整，使之达到完美垂直。

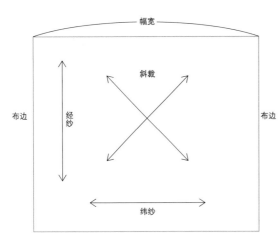

●布料的名称

·布纹
指布料的经纱与纬纱相交形成的纹路。

·经纱
布料的纵向纱线。纸样上表示布纹方向的箭头就是指经纱的方向。

·纬纱
布料的横向纱线。与经纱相比，延展性更佳。

·斜裁
与布纹成45°夹角的线，这个角度下的布料延展性最佳。

·布边
指位于布料左右两侧的纵向边。布料侧边的线头不开绽。布料不同，布边的颜色有可能与表布颜色不同，也有印有生产商名称的，或是带有撑针孔。

·幅宽
布料左右两边之间的长度，即纬向宽度。通常市面上销售的表布幅宽多为90cm、110cm、140cm、150cm等。

●布纹整理

为使作品完美，在缝纫前需进行布纹整理。下面将介绍基本整理方法及不同表布材质的整理方法。

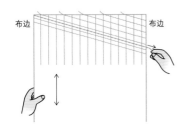

1 拉出一根纬纱，以确定正确的纬向。沿正确的纬向裁剪布料。

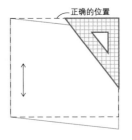

2 利用三角板等工具，检验布料的倾斜程度。

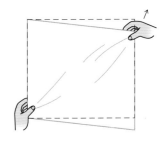

3 用双手拉拽布料，使布纹回到正确位置，即经纱与纬纱相互垂直，并熨斗熨烫平整。

棉、麻质地布料的处理方法

1 将布料放置于大盆或其他容器中浸泡1h（小时）后，轻轻将水拧干，放在阴凉处晾干，注意不要产生褶皱。

2 在干燥的状态下，使用熨斗沿布纹方向熨烫，整理布纹。

羊毛布料的处理方法

1 将表布正面相对折叠，在两面喷水，使布料湿润。

2 将布料放入塑料袋中，使水汽完全进入布料内部，然后垫上坯布熨烫，整理布纹。

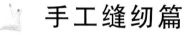

手工缝纫篇

布袋、手提包

■缝份的处理方法①
■可烫贴布的粘贴方法

运用缝份处理方法的两种荷包

仅使用简单的平针缝，

便可做出漂亮的荷包，

让我们开始快乐的缝纫课程吧！

这一课，我们将学到三种缝份的处理方法，

每一种方法都能够有效防止布边的线头开绽，

是既结实又漂亮的缝合方法。

无论手缝还是机缝，都会用到这些方法，

因此，一定要牢牢掌握哟！

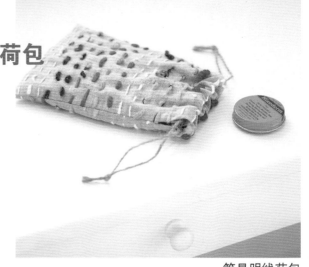

简易明线荷包

贴布抽绳袋

材料 -

简易明线荷包

布料（麻布）……16cm×45cm

毛线……适量

麻绳……45cm 2根

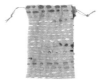

贴布抽绳袋

布料（棉织品）……18.5cm×29cm

棉带……2cm×28cm

麻绳……42cm

可烫贴布……1个

尺寸图 -

简易明线荷包

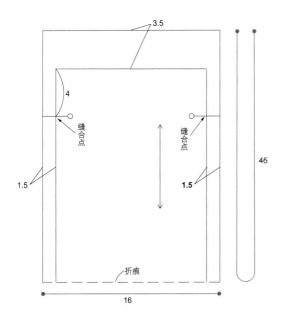

贴布抽绳袋

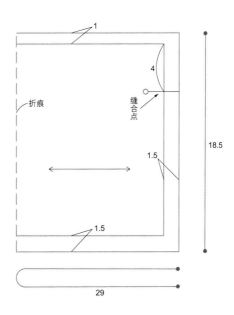

单位：cm

注：本书制作图中未标明单位的尺寸均以厘米（cm）为单位。

简易明线荷包

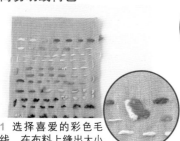

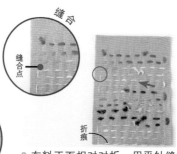
缝合
缝合点
折痕

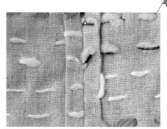

1 选择喜爱的彩色毛线，在布料上缝出大小相同的针脚（即平针缝）。换线的时候，在布料的反面打结即可（如右图）。

2 布料正面相对对折，用平针缝沿两侧将布料缝合（缝合点如图所示）。

3 缝份用开口包缝法缝合。

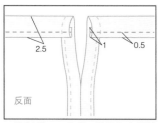
2.5 1 0.5
反面

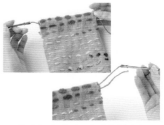

4 缝制袋口。将袋口的边向内折叠两次，用珠针固定，并用平针缝将折叠部分缝合，制作穿绳口。

5 翻回正面。利用小锥子等工具整理布袋下角。

6 将麻绳由步骤4中缝制的穿绳口中穿过，并在麻绳两端打结。利用穿绳器将更加简单快捷（使用方法详见P112）。

第1课

★ 缝份的处理方法①

开口包缝法

开口包缝即将缝份向两侧分开、折叠并缝制的方法。用这种方法缝合，接缝平整，并可以防止布料边端的线头开绽。缝后在布料表面可以看到两条明线。

反面 0.5

反面 0.1~0.2
缝合内侧

1 用熨斗将缝份向两侧分开，并将边端的布料向内侧折叠，宽度约为0.5cm。

2 在折叠后的缝份内侧0.1~0.2cm处，与布料正面一起缝合。

完成效果图 反面

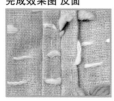

完成效果图 正面

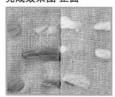

折边叠缝法

折边叠缝法是指将缝份的一片布料剪掉后用另一片布料将其包裹后进行缝合的方法。使用这种方法缝合，接缝平整，并可以防止布料边端的线头开绽。缝后在布料表面可以看到一条明线。

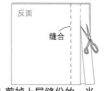
反面 缝合

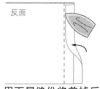
反面

1 剪掉上层缝份的一半。

2 用下层缝份将剪掉后的缝份包裹住，并用熨斗压平。

反面

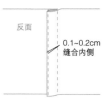
反面 0.1~0.2cm
缝合内侧

3 将缝份折向一侧。

4 在距离折线0.1~0.2cm的位置上，连同布料正面一同缝合。

贴布抽绳袋

1 布料正面相对对折，用平针缝将布料缝合至缝合点。

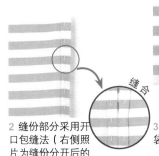

2 缝份部分采用开口包缝法（右侧照片为缝份分开后的效果图）。

3 布袋底部采用袋缝法。

布袋正面效果图

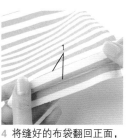

4 将缝好的布袋翻回正面，袋口部分的边外折两次，折叠出一个宽约1cm的边。

5 为防止线头开绽，可将细棉带的一端向内折叠并缝合。

正面

6 用珠针将棉布带固定在袋口位置，在上下两侧采用平针缝缝合，制作穿绳口。

7 利用穿绳器将麻绳穿过步骤6中缝制的穿绳口，并在两端打结。

8 熨烫贴布。

第1课

★ 缝份的处理方法①

袋缝法

袋缝法又名法式线缝、来去缝，是指先在完成线位置的外侧缝合、将缝份的布边包裹在内侧的缝合方法。缝合后，仅能看到完成线的针脚，表布没有针脚。

正面 完成线 缝合
0.8~1cm 缝合外侧

1 将两片表布背面相对放好，在完成线外侧的0.8~1cm处缝合。

分开
正面

2 用熨斗将缝份分开。

完成效果图 正面

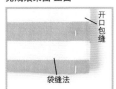

反面 缝合

开口包缝

袋缝法

3 翻折布料，将其正面相对，在完成线处缝合。

★ 可烫贴布的粘贴方法

利用熨斗加热即可完成贴布的熨烫步骤，非常方便。如果担心贴布脱落，还可用相同颜色的线用立针缝将贴布缝在布料表面。

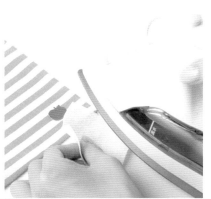

将贴布摆放在所需的位置后，需铺上一块坯布方可熨烫。熨斗在贴布上方轻轻按压即可。

底部宽大的可爱饭盒包

给包包加一个宽宽的底部，

可以放下各种各样的小物件，连饭盒也能放入其中。

想尝试一下最为基础的宽底包吗?

不同的布料颜色搭配各种可爱的小贴布，

赶快制作一个独一无二的饭盒包包吧!

材 料 -

袋身布（棉布/方格平纹布）……27cm×26cm 2块
<图中成品为蓝白格与灰白格 各1块>
袋口布（棉布/条纹布）……5.5cm×27cm 2块
<图中成品为橙白条与绿白条 各1块>
棉带……1cm×65cm 2根
装饰徽章……若干

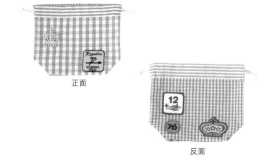

正面

反面

尺寸图 -

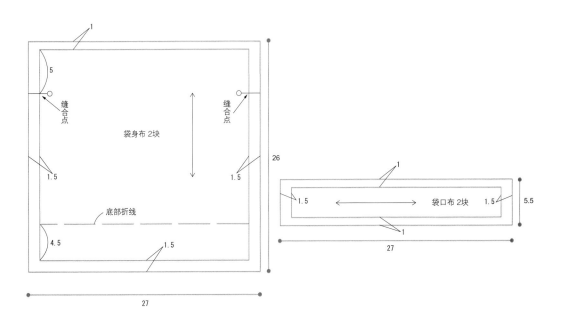

单位：cm

23

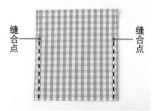

1 两块表布正面相对重叠放置，用平针缝缝合两侧，至缝合点处停止。缝份以开口包缝法处理（详见P20）。

2 用袋缝法缝合底部（详见P21）。

4.5

3 布袋底部打开成三角形，在距三角形顶点4.5cm的位置进行平针缝，即完成底宽的缝制。

4 缝合完毕的布袋翻回正面，向外折叠袋口的布边，宽度约为1cm。

5 用熨斗将袋口布边的缝份折叠、压平。

6 用平针缝缝制袋口布两端。

第2课

★ 包底的缝纫方法①　将布袋的底角折叠为三角形后缝合是最为简单的包底缝纫方法。

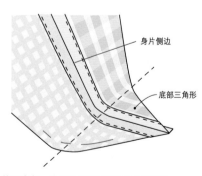

身片侧边

底部三角形

拉开底角，使身片侧边与底部中心线重叠，形成三角形。

1 底部两角拉开成三角形后，用珠针固定。

2 用平针缝将底部三角形缝合。另一侧相同。

3 三角形向底部折叠，用立针缝（详见P13）将三角形的缝份与底部缝合。

缝合

缝合后的侧面效果图

平针缝缝合

7 缝合袋身与袋口布，用珠针固定。

8 用平针缝缝合袋口布，制作穿绳口。

9 使用穿绳器（详见P112）将棉带从步骤8的穿绳口中穿过，并在两端打结。

10 用立针缝（详见P13）将小徽章缝制在适当的位置上。

标签变徽章

用衣服上漂亮的标签代替徽章缝制在包包上，同样会收到意想不到的可爱效果。只要留心，便能从服装上发现许多各种各样的漂亮标签。将饱含美好回忆的服装标签附着在随身携带的小物件上，是不是一个十分不错的创意呢？

第2课

★ 缝份的处理方法②

对于缝份的处理，大致分为"分开"与"折叠"两种方法。根据用途，选择不同的方法吧。

"分开"图例（如开口包缝法）

"折叠"图例（如折边叠缝法）

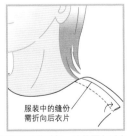

服装中的缝份需折向后衣片

制作服装的时候，缝份要向后衣片或中心线方向折叠。

● 分开

将缝合后的缝份向左右两侧打开即为"分开"。开口包缝法（P20）便是这种处理方法的应用之一。布料缝合后，用熨斗将两片缝份分开即可。厚布料的缝纫中，采用这种方法有助于提升缝份处的平整度。

● 折叠

将缝合后的缝份折向一侧即为"折叠"。这种方法应用于"折边叠缝法"（P20）、"袋缝法"（P21）等缝纫方法中。将缝份向后衣片或中心线折叠，是服装缝纫的基本准则。

■包底的缝纫方法②
■提手的缝纫方法
■包底的缝纫方法③
■橡皮章的雕刻方法

两种不同包底形状的手提袋

小小的手提袋，轻巧便利。

不同的布料折叠方法不同，

缝制出的包底也不同。

即使方法相同，

不同的布料也会为手提袋增添不一样的色彩。

方格手提袋

印章手提袋

材料 -

方格手提袋

布（方格）……40cm×84cm

天鹅绒丝带……1cm×48cm

印章手提袋

布（麻质）……22cm×62cm

提手布……2.5cm×33cm 2根

橡皮章、布料染色剂

尺寸图 -

方格手提袋

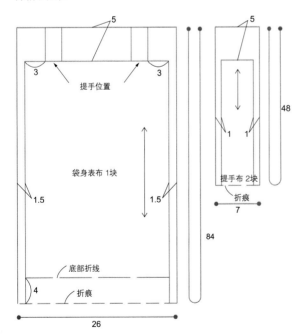

印章手提袋

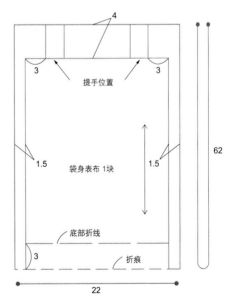

方格手提袋

正面

1 布正面相对对折，将底部折痕向内折叠，宽约4cm，制作包底。

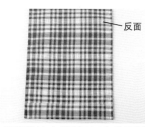

反面

2 用袋缝法（详见P21）将两侧缝合。

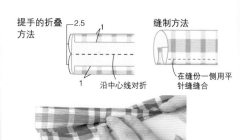

提手的折叠方法

2.5　1

1　沿中心线对折

缝制方法

在缝份一侧用平针缝缝合

3 折叠提手的缝份，在一侧用平针缝缝制。

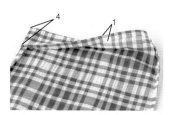

4　1

4 在布袋里面朝外的状态下，将袋口边向外折叠两次，并用熨斗熨出折痕。

5 将提手一端夹在袋口折叠的边中，用平针缝缝合。

6 翻回正面，用立针缝将丝带缝制在袋口缝合的针脚处。缝制结束时，将丝带一端向内折叠缝合即可（如右图）。

第**3**课 ★ **包底的缝纫方法②**

利用布料对折后的折痕，向内折叠，制作包底，从而达到加宽的目的。

正面

包底折痕

布正面相对对折，沿包底折线将底部布料折向内侧。

＊由于此处将采用袋缝法缝合两侧，因此布料对折时，正面相对。

包底制作完成

★ **提手的缝纫方法**

用同款式布料制作提手并缝在布袋上是常用的方法。围裙等衣带的缝纫方法与此相同。

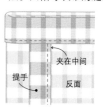

夹在中间

提手

反面

1 将提手一端夹在袋口折边的内侧，用珠针固定，缝合袋口以及提手。

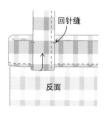

回针缝

反面

2 向上折叠提手（如图所示）反复回针缝，使之缝合、固定。

提手部分（正面）

提手部分（反面）

印章手提袋

正面

1 布正面相对对折，将底部折痕处布料向上折叠3cm，制作包底。

反面

2 用袋缝法（详见P21）将布料两侧缝合。

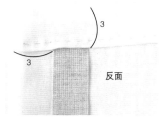

反面

3

3

3 将袋口边折叠两次，提手夹在折边中，用平针缝缝合。

4 向上折叠提手（如图所示），反复回针缝，固定。

5 用橡皮章在手提袋正面印出花纹。

＊使用橡皮章在布料上印制图案的时候，需使用"布料专用染色剂"。待颜料干燥后用熨斗熨烫一下，可使颜料附着在布料上。

第**3**课

★ **包底的缝纫方法③**

与方法②相似，同为利用折痕制作包底的方法，只是在折叠方法上有所差异。

正面

包底折痕

包底制作完成

布正面相对，沿包底折线将底部布料向上折叠。

＊由于此处将用袋缝法缝合两侧，因此布料对折时正面朝外。

★ **橡皮章的雕刻方法**

雕刻失败了也没关系，稍有残缺的图案反而更容易增添可爱的色彩。

1

图案的复写方法

1 用浓重的铅笔线条将图案绘制在描图纸上。

2 将绘有图案的一面覆盖在橡皮上，用手指按压，使图案拓印在橡皮上。

2

铅笔绘制的图案印在橡皮上

雕刻方法

利用壁纸刀的刀尖进行雕刻。首先垂直入刀，雕刻出图案的轮廓线①，然后倾斜入刀②，完成雕刻。

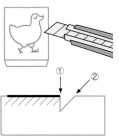

①

②

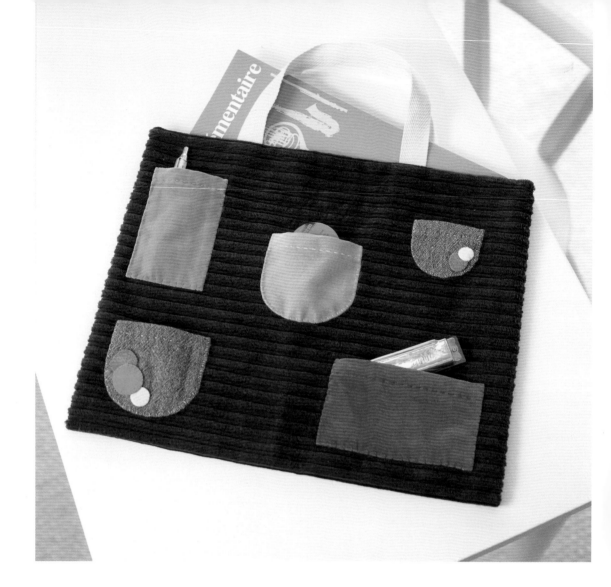

■口袋的制作方法
■贴布的制作方法

带口袋与贴布的漂亮小书包

可以放入书本、杂志的小书包，

缝上里布会非常的结实。

小小的口袋之中，放些什么好呢？

快来学习口袋与贴布的制作方法吧！

材料 --

表布（灯心绒/茶褐色）……62cm×40cm
里布（棉布/水珠花纹）……40cm×62cm
口袋用布
（棉绒/灰色、红色、橙色，羊毛表布）……适量
贴布用布（棉绒/蓝色、毛绒布）……适量
提手用布……2.5cm×34cm 2根

外侧　　　　　　内侧

尺寸图 --

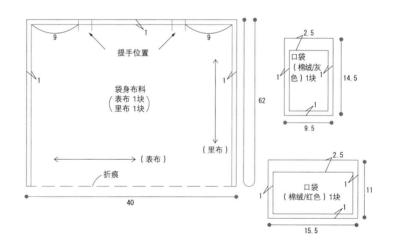

口袋纸型
放大2倍后使用

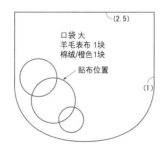　　

单位：cm
（ ）内表示缝份尺寸

1 缝制口袋。

2 制作贴布。

3 用立针缝将贴布缝在口袋上。

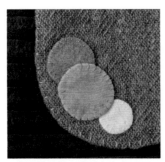

4 用立针缝将口袋缝在表布正面。

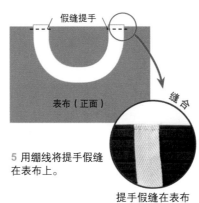

5 用绷线将提手假缝在表布上。

提手假缝在表布上的效果图

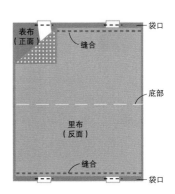

6 表布与里布正面相对，用回针缝将上下两端缝合。

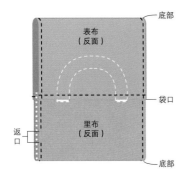

7 缝合后将袋口重叠、拉平，用回针缝缝合左右两侧，注意留下返口。

8 从返口处将布袋翻回正面。

9 将返口用立针缝缝合。

★ **口袋的制作方法**

漂亮的口袋可以为缝纫作品锦上添花。利用这个方法，可以做出任何你喜欢的口袋形状。

方形口袋

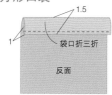

袋口折三折
反面
1.5
1

1 袋口折三折，缝合。

圆角口袋

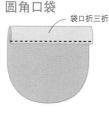

袋口折三折

1 袋口折三折，缝合。

紧密平针缝缝
制曲线部分
厚纸板
覆盖厚纸板

2 用紧密平针缝缝制曲线部分。

折叠四周

2 折叠四周的缝份，用熨斗压出折痕。

3 将剪成口袋形状的厚纸板包裹在布料中，拉紧缝线，利用厚纸板整理口袋形状。

4 用熨斗熨烫缝份，压出折痕。

★ **贴布的制作方法**

将布料剪成各种形状，制作不同的小贴布。布料质地不同，制作方法也稍有差异。

带有缝份的贴布制作 用于线头易开绽的布料。

紧密平针缝缝制四周

1 在布料的四周紧密平针缝。

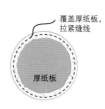

覆盖厚纸板，拉紧缝线

厚纸板

2 将剪成贴布形状的厚纸板放置在布料上，拉线，整理形状。

无缝份的贴布制作 用于小型贴布。

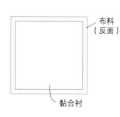

布料（反面）

黏合衬

1 将黏合衬熨烫在大块布料上（详见P42）。

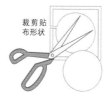

裁剪贴布形状

2 剪下所需贴布的形状。
＊对于毛绒布等线头不易开绽的布料可直接裁剪。

■成品拎环（木质、皮质）的缝制方法
■圆形包底的制作方法

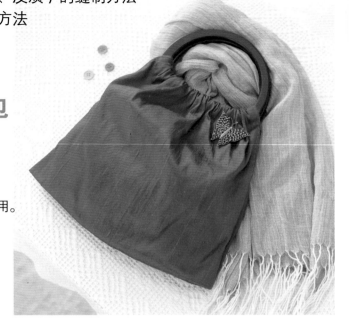

带有拎环的漂亮手提包

使用市场上销售的提手、拎环，
手工缝纫出独具特色的手提包。
仅需将布料叠卷缝合，
便可做出一个漂亮的包包，既简单又实用。
还犹豫什么，快快行动起来吧！

皮革提手的圆筒包

不同的提手为包包带来不同的风格。
是不是担心圆形包底制作复杂而不敢尝试？
详细的制作过程将帮你排除烦恼，
只要用心一定能够缝制出完美的包包！

材料 -

带有拎环的漂亮手提包
表布（丝绸/绿色）……32cm×70cm
里布（棉布/水珠图案）……32cm×70cm
拎环（木质）……1对

皮革提手的圆筒包
表布（棉布/宽条花纹）……68cm×20cm
里布（棉布/水蓝色）……72cm×20cm
提手（皮革）……1对

尺寸图 -

带有拎环的漂亮手提包

4.5

10

袋身表布
（表布 1块）
（里布 1块）

1

1

底部折线

5

折痕

70

32

单位：cm

皮革提手的圆筒包

1

4

4

提手缝合位置

袋身表布
表布 2块
里布 2块

1

1

20

1

25.5

底布
表布 1块
里布 1块

1

17

1

1

1

5

4

坯布
里布 4块

带有拎环的漂亮手提包

1 表布正面相对对折，向上折叠底部折痕，并用珠针固定，制作包底。

缝合点　半回针缝　缝合点

2 用半回针缝缝合表布两侧至缝合点。里布缝纫方法同步骤1、2（如右上图）。

3 表布翻回正面，折叠未缝合的开衩部分，宽度与缝份相同。里布反面朝外，与表布相同，折叠缝份。

4 将里布插入表布中，用珠针固定。

里布（正面）

表布（正面）

5 用平针缝缝制开衩部分。缝合点处用回针缝反复加固。

6 袋口布边折叠两次，包裹住拎环后，用回针缝缝合。

第5课　★ **成品拎环（木质、皮革）的缝制方法**

不同种类的拎环缝制方法也有所差异，下面是最具代表性的缝制方法。

木质（圆形） 用布料将拎环包裹住后缝合的方法。

里布（正面）

1 将袋口布向内侧折叠1cm，作为缝份。

2 将拎环包裹在布料中，并将袋口边缘折叠至完成线处，用珠针固定。

皮质 将提手直接缝制在布料上。

1 先在提手的缝合处做上记号，然后缝合。缝合时用双线缝纫2~3次，以达到加固的目的。

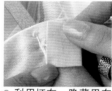

2 利用坯布，隐藏里布上的针脚。需预先折叠缝份。

完成效果图（正面）

3 用回针缝将袋口缝制在里布上。由于仅与里布缝合，因此在表布正面没有针脚（如右图）。

3 用立针缝将坯布缝制在里布上。

完成效果图（反面）

完成效果图（正面）

圆筒包

1 将表布正面相对对折，用平针缝缝合两侧。

2 缝合圆形底部。

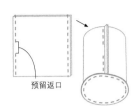

预留返口

3 里布缝纫方法相同，将两侧缝合后，与圆形底部缝合。注意在侧面预留返口。

4 将里布套在表布中，里布与表布正面相对。

平针缝

5 用平针缝缝合袋口。

6 通过返口翻回正面。

7 用立针缝缝合返口。

8 在适宜的位置上缝合提手。

第5课

★ 圆形包底的制作方法

不仅外观好看，而且可以放下许多小物品。缝制的小秘诀是必须将布料对齐。

1 对缝合成筒状布料（即包包侧面的布）的圆周进行四等分，并做标记。可将两侧的缝份对齐（如图所示），这时两侧的点即为布料的中心位置，用珠针标记。

2 对圆形底部布料的圆周同样进行四等分，并用珠针、画粉等工具做标记。

3 侧面的布料与底部布料上的标记点一一重合，并用珠针固定。

4 为防止缝合时布料偏移，可用多枚珠针固定。

5 将侧面布料与底部布料缝合即可。

圆形底部缝合后的侧面效果图。

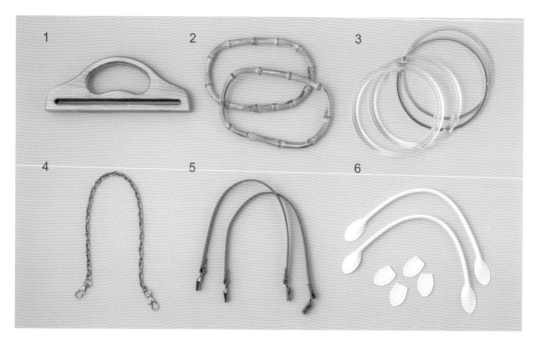

包包提手

市场上出售的提手的材质、形状各式各样，不同的提手会为包包带来不同的效果，缝制方法也稍有不同，因此在购买的时候需要精心选择。

1 木质提手
以结实耐用为特点，为包包增添质朴的感觉。

2 竹质拎环
具有东方色彩的包包拎环，结实耐用。

3 塑料、金属拎环
赋予包包轻松、便捷的印象，色彩种类繁多。

4 金属背包链
给人带来奢华之感。承重力较差，多应用于宴会手包等。

5 可拆卸背包带
带有夹子的快捷设计，免去了缝纫包带的繁琐步骤。

6 皮质提手
非常结实，最为耐用。为方便缝纫，包带上开有针孔。

口金

口金的开合如同青蛙的嘴巴，但是不同大小、形状的口金，缝纫方法却是相同的。根据质地，可分为光面口金、压花口金等，颜色有金色、青铜色、银色等，种类颇为丰富。

1 半圆形口金
小型口金，多用于零钱袋等缝纫作品中。

2 方形口金
可用于笔盒、眼镜盒的制作。

3 大口金
开口较大，适用于制作钱包、杂物袋等。

4 弹片口金
在两侧施力即可打开的便捷口金，有多种长度可供选择。

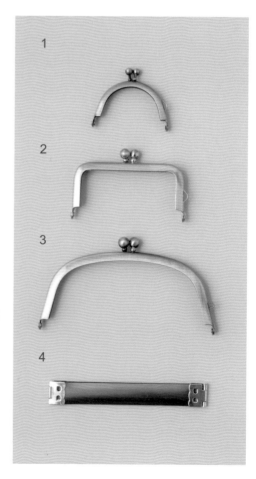

■褶裥的缝纫方法
■黏合衬的粘贴方法
■弹片口金的安装方法
■口金的安装方法

蛙嘴式复古零钱袋

平缓的曲线设计，

小巧可爱的零钱袋。

将布料塞进口金的沟槽里，

用钳子轻轻夹紧便完成了口金的安装。

是不是很简单?

不妨多做一些，送给亲爱的朋友们吧!

使用黏合衬与弹片口金缝制的方形杂物袋

"啪"的一声，袋口就打开了，

由弹片口金制成的杂物袋使用起来非常方便，

而且口金的安装也很简单;

再学习一下如何使用黏合衬吧，

黏合衬可以提升布料的厚度，使你的包包更加结实耐用。

材 料 ---

蛙嘴式复古零钱袋

表布（棉布/花纹）……36cm×15cm

里布（棉布/水蓝色）……32cm×13cm

黏合衬……36cm×15cm

口金……12cm 1个

纸绳……30cm

＊表面与黏合衬需经粗略裁剪后黏合在一起，所以尺寸较大。

方形杂物袋

表布（丝绸/蓝色）……19cm×24cm

里布（棉布/本色）……17cm×22cm

袋口布（丝绸/粉色）……16cm×19cm

黏合衬……35cm×24cm

蕾丝……22cm

弹片口金……11cm 1个

＊表布、袋口布、黏合衬需经粗略裁剪后黏合在一起，所以尺寸较大。

尺寸图 ---

方形杂物袋

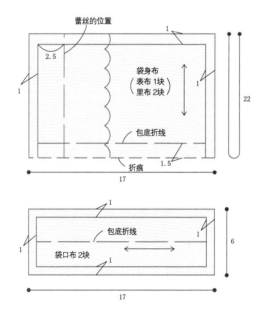

蕾丝的位置

2.5

1

袋身布
表布 1块
里布 2块

包底折线

折痕

1.5

17

22

包底折线

袋口布 2块

1

6

17

单位：cm

☆蛙嘴式零钱袋纸样详见P44

蛙嘴式复古零钱袋

1 黏合衬粘贴在表布上。

2 两块表布正面相对，缝合至缝合点。里布缝合方法相同。

3 表布与里布正面相对套好，缝合，注意预留返口。

4 缝合后，翻回正面。

5 用立针缝将返口缝合。

6 缝纫褶裥。

7 安装口金（详见P44）。

第6课 **★ 褶裥的缝纫方法** 在布料上缝纫褶裥后，荷包会显得鼓鼓的。

1 在褶裥位置做记号。

2 两个记号于中间位置对齐，用珠针固定。

方形杂物袋

1 在表布与袋口布上熨烫黏合衬。

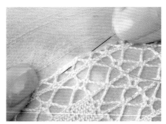

2 蕾丝缝在相应位置上。用立针缝缝制数处。

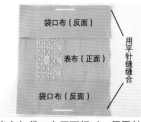

3 表布与袋口布正面相对，用平针缝缝合。

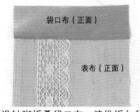

4 沿针脚折叠袋口布。缝份折向袋口一侧。

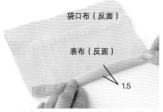

5 完成步骤4后，将表布正面相对对折，向上折叠底部折痕，并用珠针固定。

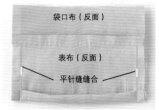

6 用平针缝缝合两侧，至袋口处停止。

第6课 ★ **黏合衬的粘贴方法** 用熨斗将黏合衬熨贴在布料上，可以增加布料的厚度，起到加固的作用。

与布料相同，黏合衬也分为薄型、普通型与厚型。为防止黏合衬在布料上方移动，从上方轻轻按压，使熨斗熨烫到黏合衬的每一个角落是个诀窍。熨烫前，将布料裁剪得稍大一些，熨烫后再裁剪出所需大小。如果黏合衬大于布料，熨烫时容易将黏合衬粘贴在熨烫台上。

1 将黏合衬放置在粗略裁剪后的布料反面。

2 铺上衬纸（如透明纸等），从上方轻轻按压熨斗。

3 将布料裁剪成所需尺寸。

7 与表布相同，里布正面相对对折，折叠底边，制作包底，用平针缝缝合两侧。

8 将里布袋口布向内折叠1cm，用熨斗熨烫，压出折痕。

9 沿折叠线折叠袋口布，用熨斗熨烫，压出折痕。为顺利安装弹片口金，需先折叠两侧缝份（上图），再沿中心线对折（下图）。

10 将里布翻回正面后，套在表布的外侧，此时表布与里布反面相对。

11 用立针缝将袋口布缝合在里布上。

12 翻回正面，安装弹片口金。

第6课

★ **弹片口金的安装方法**　仅需使用钳子插入螺丝钉（口金侧部的小螺丝）即可完成弹片口金的安装。

1 将弹片口金的一侧打开，插入袋口。

2 弹片口金从袋口的另一侧穿出。

3 闭合弹片口金，插入螺丝钉。

4 利用钳子，将螺丝钉完全插入。

蛙嘴式零钱袋纸样
实际大小

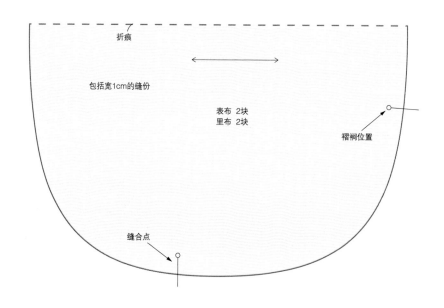

折痕

包括宽1cm的缝份

表布 2块
里布 2块

褶裥位置

缝合点

★ **口金的安装方法** 将布料塞入口金的沟槽中即完成安装。

1 将黏合剂挤在口金上。为使黏合剂充分填满口金的沟槽，可利用牙签等工具。

2 将袋口边的布料塞入口金的沟槽中。

利用锥子，可将布料充分塞入沟槽。

口金的夹紧位置

3 用锥子将纸绳塞入口金的沟槽。

4 用钳子将口金根部夹紧。

用钳子夹紧口金的根部，共四处。

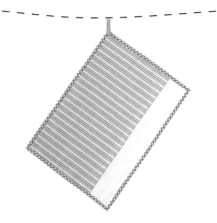

机械缝纫篇

室内装饰品

机缝的基础

当缝纫作品偏大时，我们就要使用缝纫机了。下面就让我们从基础常识开始进入缝纫机的学习吧！

●缝纫机的准备　按照下述步骤，练习如何使用缝纫机。

3 准备上线

按照说明书，正确安装上线。如果安装方法错误，会导致缝纫过程中断线，甚至影响缝纫作品的美观性。将线穿入针孔是安装上线的最后一步（如图所示）。

1 安装缝纫针

不同的布料质地，需要选择不同型号的缝纫针（详见P7）。若针与布料不匹配，则容易出现缝纫针折断、针脚错乱等情况。将固定螺丝拧松，针尾的平面转向后面或侧面（不同缝纫机的位置不同），推到最深处，拧紧螺丝。

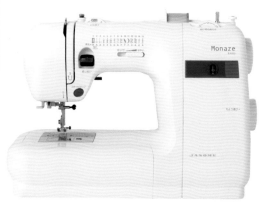

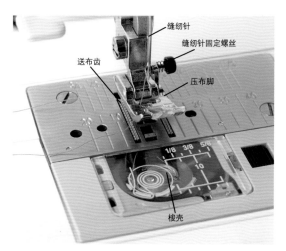

缝纫针
缝纫针固定螺丝
送布齿
压布脚
梭壳

2 准备底线

将线均匀地缠在梭芯上，准备底线。缝纫时，需与梭壳配套使用（如图所示）。

4 引出底线

左手捏住上线的尾端，右手向身体一侧旋转飞轮，使针慢慢下落，当针上升后，拉拽上线，即可将底线引出（上图）。
将底线拉出15cm后，由压布脚下方引向外侧（下图）。

如何使用缝纫机?

使用缝纫机的时候,需将其放置在平稳的桌子上。针的位置需正对身体中心。

将控制器放置在擅长使用的一只脚下。控制器一旦受力便会立即工作,要防止缝纫机突然运转发生危险。

另外,缝纫时请选择在光线明亮的地方进行,这样有助于观察缝纫状况。

如何确认线的松紧程度?

做好准备工作后,就开始尝试缝纫吧!根据下方示意图来调整线的松紧程度。有的缝纫机带有自动调节功能,但缝纫前仍然需要试缝,检验一下线的松紧程度。

正确松紧度

上线与底线达到平衡,此时正面与反面针脚整齐。

上线过紧

从布料正面看,上线被拉紧成一条直线。

底线过紧

从布料反面看,底线被拉紧成一条直线。

专栏 ## 如何选择缝纫机?

缝纫机种类繁多,价格相差很大,那么我们如何选择缝纫机呢?

制作不同的物品,需要选择不同类型的缝纫机。若是制作普通质地的服装或是小物件,可以选择操作简单的电子缝纫机。若是用来缝纫粗斜棉布等厚布料,则建议选择注重功能性的缝纫机。

另外,如果需要刺绣花纹,可以选择带有电脑提花功能的缝纫机,但是价格稍高。

除此之外,还有带有马达、针脚平整的工业用(专业)缝纫机。这类缝纫机的零部件与家用缝纫机有所不同,是服装厂的专用缝纫机械。

基本缝纫方法

下面介绍的基本缝纫方法能够帮助你尽快熟练掌握缝纫技巧，小诀窍将会使你的缝纫作品更加漂亮！

开始学习缝纫吧！　掌握基本缝纫方法是机缝的关键。

◇直线的缝纫　缝纫机操作的基础。

1 使布料与缝纫机成垂直状态，将缝纫针插入起针处。

2 放下压布脚，开始缝纫。

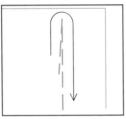

开始缝纫时，需反复缝纫2~3针，以防线头开绽。结尾的处理方法相同。

用来固定布料的珠针需在进入压布脚之前取下，否则容易导致缝纫针折断。

双手轻轻用力，向前推送布料。

◇直角的缝纫　改变缝纫方向即可完成直角的缝纫。

1 改变布料方向的时候，保持缝纫针呈下落状态，抬起压布脚。

2 旋转布料至所需方向。

3 再次放下压布脚，继续缝纫。

◇曲线的缝纫

缝纫平滑曲线的方法。

将褶皱拉平，缓慢送布。为使缝纫线更为平缓，必要时可抬起压布脚，调整布料方向。

发生下述情况怎么办？　提升缝纫技巧的诀窍。

◇缝纫中断

保持缝纫针呈下落状态，即使缝纫中断也不会出现针脚偏移的现象。

◇如何拆线　当缝纫失败时，可以利用拆线器将缝纫线切断。

1 用拆线器割断上线的数个针脚。

2 用锥子将上线挑出，拆掉。

◇线尾如何处理　缝纫结束时，留下10cm左右的线，将上线与底线打结后剪断。

1 在布料反面轻轻拉拽底线。

2 将利用底线带出的上线用锥子引出来。

3 上线与底线打结两次。

4 剪断缝纫线。

◇如何缝纫薄布料

布料过薄会增大缝纫难度，这时仅需在布料下方垫上透明纸或其他纸张一起缝纫便可降低难度。缝纫结束后，撕下纸张即可。

◇布料厚薄不一时如何缝纫

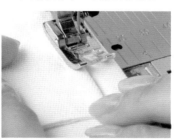

在缝厚布料边缘等位置时，经常出现厚薄不一、无法缝纫的情况。这时我们可以用相同布料垫在压布脚下方，将倾斜的压布脚填平，这样便可顺利缝纫了。

■波浪带的缝纫方法
■按扣的缝纫方法

制作绳带与按扣两种开口方式的枕套

仅需使用直线缝纫方法即可完成的枕套，

分为绳带式开口与按扣式开口两种。

只要用心便可顺利掌握缝纫机的使用技巧。

枕套每天都会用到，不妨多做几个吧！

材 料 -

绳带式<枕头尺寸 43cm×63cm>

布料（棉布/圆点花纹）……89.5cm×90cm

棉布带……1.3cm×30cm 4根

波浪带……220cm

正面

反面

按扣式<枕头尺寸 43cm×63cm>

布料（棉麻/印花布）……91.5cm×96cm

边缘布料（棉布/条纹）……65cm×20cm

按扣……1对

正面

反面

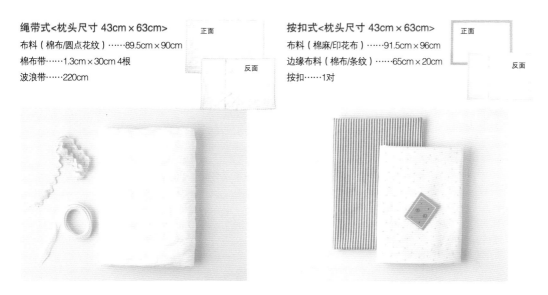

尺寸图 -

绳带式

按扣式

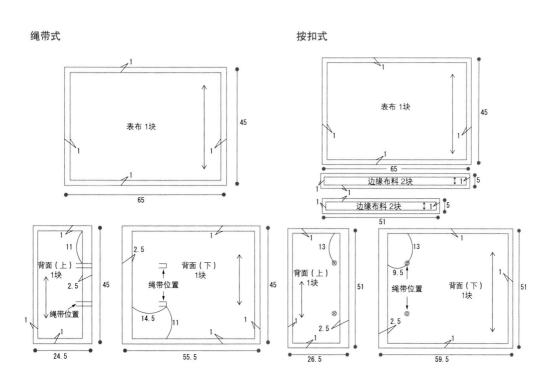

单位：cm

绳带式

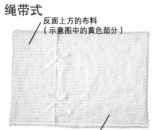

反面上方的布料
（示意图中的黄色部分）

反面下方的布料（示意图中的绿色部分）

＊缝纫时应使用同色系的缝纫线，现为清晰演示，改变了线的颜色。

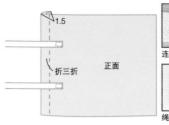

1.5

折三折

正面

连接处的缝纫方法

绳带端部的缝纫方法

1 将绳带缝在反面下方的布料上。袋口部分折叠两次缝合。

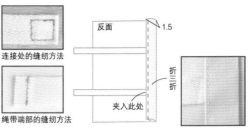

反面

1.5

折三折

夹入此处

2 反面上方布料的袋口部分折叠两次，将布带夹在布料中（如右图）缝合。棉布带端部处理方法与步骤1相同。

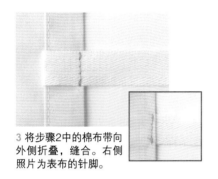

3 将步骤2中的棉布带向外侧折叠，缝合。右侧照片为表布的针脚。

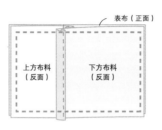

表布（正面）

上方布料
（反面）

下方布料
（反面）

4 如图所示，将表布（一块）与里布（两块）正面相对放置，缝合四周。

5 翻回正面，在四周缝合波浪带（图为背面效果图）。

第7课 ★波浪带的缝纫方法

在正面仅能看到一半波浪带的缝纫方法。

反面

正面

1 用珠针将波浪带固定在表布的反面边缘处。

在正面看到少量波浪带即可。

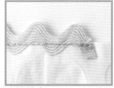

开始缝合
波浪带的起始端部少量折叠后开始缝纫。

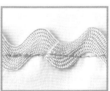

完成缝合
波浪带的结束端稍稍折叠，与起始端部分重叠缝合。

反面

正面

2 用缝纫机将波浪带缝在布料上。

边角
沿布料四角缝纫即可。

＊缝纫时，应使用同色系的缝纫线，现为清晰演示，改变了线的颜色。

按扣式

1 上下两端的布料边缘与表布重叠放置，用珠针固定。

2 布料边缘缝纫后，向两端打开，正面朝上，缝份向边缘布料一侧折叠。

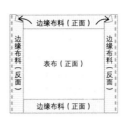

3 左右两侧布料边缘的缝合方法相同，与表布正面相对缝合后，打开。缝份折向边缘布料。

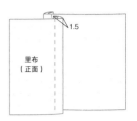

4 反面袋口部分分别折三折后缝纫。

5 如图所示，将正面的布（一块）与反面的布（两块）重叠放置，沿布料边缘四周缝合（外侧边缘）。

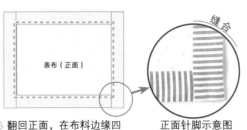

正面针脚示意图

6 翻回正面，在布料边缘四周缝合（内侧边缘）。

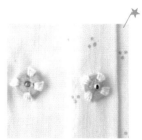

7 在反面袋口位置缝上按扣。

第7课 ★ **按扣的缝纫方法**　在布料重叠位置的上方缝纫凸型上扣，下方缝纫凹型下扣。缝纫方法相同。

1 在线尾打结，将针穿入按扣所钉位置。

2 将针从按扣的小孔中穿过。

3 沿小孔外侧入针，再次从步骤2的小孔中穿出。

4 针从线环中穿过，拉紧缝纫线。

5 重复步骤2~4，在同一个小孔中反复缝纫三四次即可。

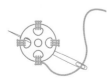

6 完成所有小孔的缝纫后，将针从按扣下方穿过，从另外一侧穿出。

7 打结后，再次将针从按扣下方穿过，隐藏线结，剪断缝纫线。

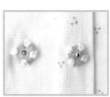

完成后

带拉链的拼布靠背垫

享受拼布的乐趣，
尝试拉链的安装。
在这里，你可以学到最简单的拉链缝纫方法。
不必担心，不要退缩，
快来体会色彩与花纹搭配的乐趣吧！

材料

◆ 表布

A 棉布（原色）……21cm×11.5cm

B 丝绸……21cm×14cm

C 麻布……14cm×16cm

D 棉麻（条纹）……14cm×9.5cm

E 棉布（白色）……33cm×11.5cm

◆ 里布

棉布（原色）……33cm×33.5cm

蕾丝（B布用）……21cm

蕾丝（C布用）……14cm

拉链……长25cm 1根

棉布带……2.5cm×10cm

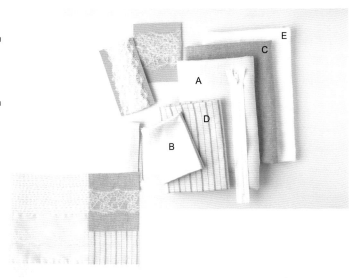

尺寸图

☆缝份皆为1cm。

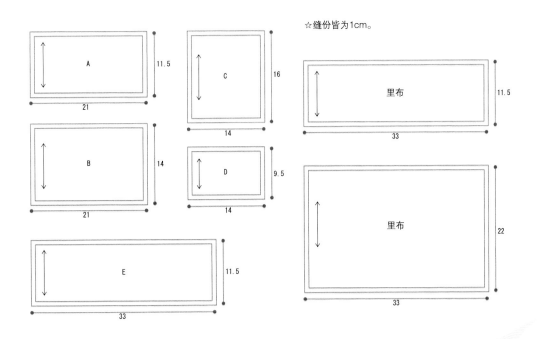

单位：cm

55

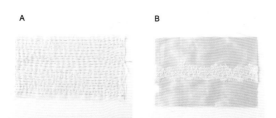

A   B

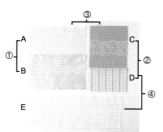

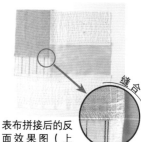

1 在表布A与E上缝出做装饰的明线针脚，在表布B与C上用立针缝缝上蕾丝。

2 将表布按照①（A与B）→②（C与D）→③→④的顺序拼接在一起。缝份用锯齿缝缝纫或锁边机处理。

表布拼接后的反面效果图（上图）与针脚的放大图（右图）。

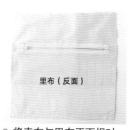

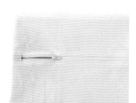

3 折叠里布的缝份。

4 在里布上缝纫拉链。

5 将表布与里布正面相对，缝合四周。用缝纫机的锁边功能或包缝机处理缝份。

6 翻回正面，完成。

★ **拉链的安装方法**　利用棉布带缝纫是适合初学者学习的简单方法。

缝份1

4　　　　25　　　　4

1 将两端折叠后的布带缝在拉链两端。布带的长度需根据靠背垫的宽度进行调整，总长度需与靠背垫宽度相等。

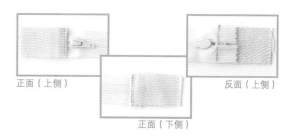

正面（上侧）

正面（下侧）

反面（上侧）

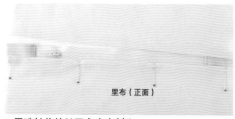

里布（正面）

2 用珠针将拉链固定在布料上。

里布（正面）

3 将拉链缝在布料上。

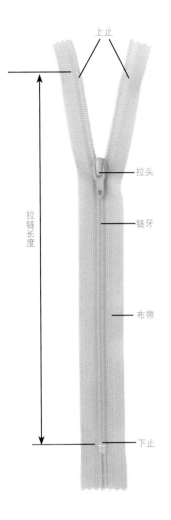

上止

拉链长度

拉头

链牙

布带

下止

各种各样的拉链

拉链根据材质、形状分为不同类型，使用时需根据用途选择合适的拉链。另外，长度与颜色也是选择的关键点。

拉链的组成

上止……位于拉链上端的止动件。

下止……位于拉链下端的止动件。

拉头……控制拉链并合分离运动的金属部件。

链牙……相互啮合、控制拉链并合分离的齿牙。

布带……安装链牙的布料。以涤纶为主，也有棉质、合成纤维等材质。

拉链长度……通常以上止至下止的长度来表示拉链的长度。

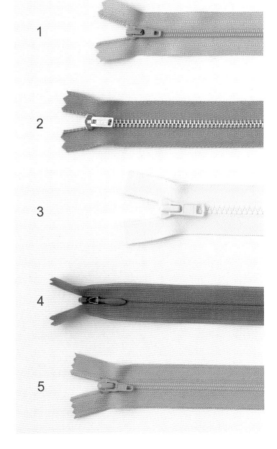

拉链的种类

1 环扣拉链……链牙呈环扣螺旋状的树脂材质拉链。以轻巧柔软为特性，多应用于较薄的夹克衫或外套等。

2 金属拉链……金属链牙有多种颜色和尺寸，极富金属质感，适合较厚的布料。

3 树脂拉链……最为常见的树脂材质拉链。比金属材质更为轻巧，用途广泛。

4 隐形拉链……在正面看不到链牙的拉链。多用于连衣裙等拉链隐蔽的地方。

5 平织拉链……使用平织布制成的树脂拉链。轻薄柔软，多用于轻薄服装或童装。

拼布的方法

将不同颜色、花纹、材质的布料搭配、拼合在一起，缝纫出效果多变的作品。下面介绍的是几种较为常见的拼布方法，但拼布并没有固定规则，可以根据自己的喜好，拼出各种漂亮的作品。

纵、横、斜

改变条纹的方向，便可得到不一样的风格。当然也可以选择不同宽度的条纹进行组合、拼接。

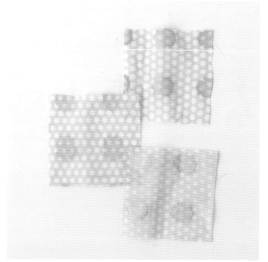

同花纹不同颜色

将同花纹不同颜色的布料组合在一起，可以创造出不同效果的作品。调整花纹的疏密程度，也是拼布过程中的一大乐趣。

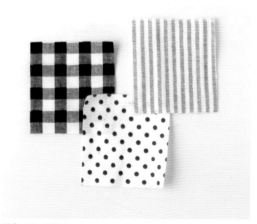

同色系不同花纹

将同一色系的布料拼合在一起，能给人整齐划一的感觉。如果觉得花纹过多，令人眼花缭乱，也可以添加一些同色系的无花纹布料。

根据花纹来搭配颜色

印染的布料通常使用多种颜色，根据上面的颜色来组合搭配的话，又会别有一番风味。

■S形藏针缝
■开扣眼的方法
■四孔纽扣的缝纫方法

带纽扣的书套与笔袋

漂亮的蕾丝与纽扣,

为书桌增添一抹亮丽的色彩。

学会如何将四孔纽扣钉在布料上等经常使用的技能吧,

以后就再也不用为衬衫纽扣的脱落而发愁啦!

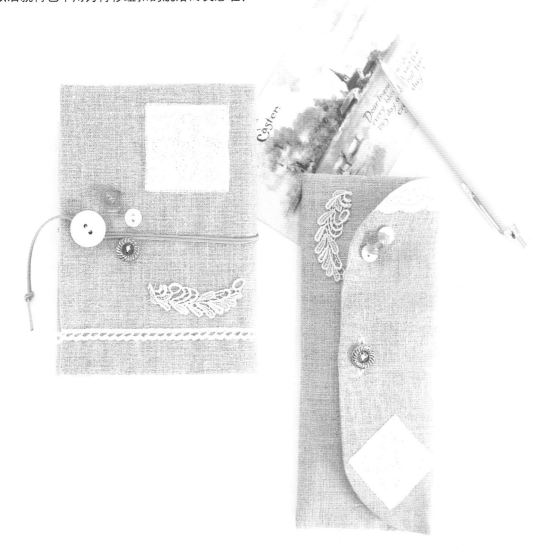

材料

书套

表布（麻）……40cm×18cm
里布（棉/本色）……40cm×18cm
蕾丝质地布头……适量
蕾丝装饰贴布……1个
蕾丝花边……40cm
麻布带……1.5cm×18cm
书签用罗缎丝带……0.7cm×23cm
细绳（浅蓝色）……40cm
纽扣（拴绳用）……直径2.1cm 1个
装饰纽扣……适量

笔袋

表布（麻）……22cm×24cm
里布（棉/本色）……22cm×24cm
蕾丝零头……适量
蕾丝装饰贴布……1个
纽扣……直径1.3cm 1个（装饰用）适量

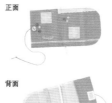
正面

背面

部分装饰品
（可以选择各种自己喜欢的物品）

尺寸图

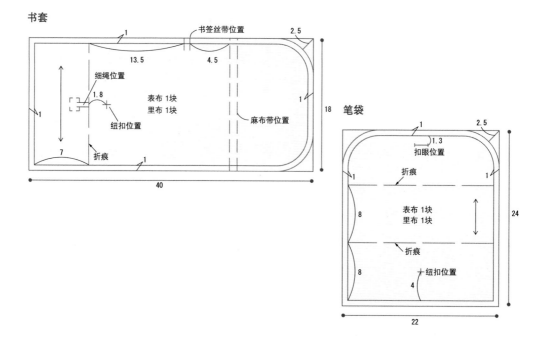

单位：cm

书套

1 将蕾丝零头根据自身喜好缝在表布上。

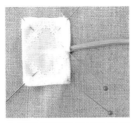

2 用珠针将蕾丝零头和细绳固定在表布的相应位置上，缝合。

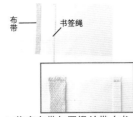

3 将麻布带与罗缎丝带（书签绳）假缝在里布的相应位置上。缝纫麻布带的上下两端与丝带的上端。

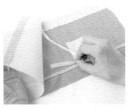

4 将表布与里布正面相对，务必将丝带夹在两块布料之间。

5 用珠针固定两块布料，预留返口后缝合四周。

6 翻回表面，用立针缝缝合返口。

7 沿折痕，将布料一端向内折叠（上图），用S形藏针缝将上下两端缝合（下图）。为连接牢固，需反复缝纫。

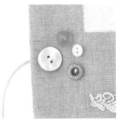

8 缝纫栓绳用纽扣与装饰纽扣。

第9课

★ **S形藏针缝** 属于绕缝的一种，是在表面看不到针脚的缝纫方法。缝纫时，在两块布料上交替引线，如S形。

●引线方法

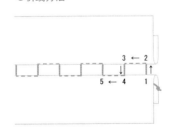

针按照1至5的顺序移动，线随针在布料中穿过，在5处将线引出（如果觉得有些困难，也可以在3处将线引出）。缝纫第1针的时候，可以从身前布料的折痕反面入针，将线结隐藏在布料内（详见P14"打结方法"）。

*缝纫时，应使用同色系的缝纫线，现为清晰演示，改变了线的颜色。

1 将针引出后，挑起正上方折痕的布料0.2~0.3cm。

2 完成步骤1后，将针头指向正下方，插入身前布料的折痕中。

3 挑起身前布料折痕0.2~0.3cm，将线引出。

4 线的走势如同S形。重复步骤1~3。

笔袋

1 将蕾丝零头根据自身喜好缝在表布上。

2 表布与里布正面相对放置，用珠针固定，预留返口，缝合四周。

3 翻回正面，用立针缝缝合返口。

4 沿折痕折叠布料，用S形藏针缝缝合两侧。

5 钉上纽扣。

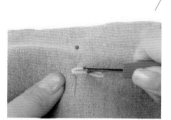

6 在相应位置开扣眼。

第9课 ★ **开扣眼的方法** 利用缝纫机的"缝扣眼"功能缝制扣眼，并将扣眼割开。

1 在扣眼位置做标记后，利用缝纫机的缝扣眼功能缝纫。具体方法请按照缝纫机的说明使用。

2 为防止扣眼过大，可将珠针固定在扣眼一端。

3 插入拆线器，割开扣眼。

★ 利用开扣眼刀（下图）可以割出漂亮的扣眼。将刀尖垂直抵在布料上，从上方稍稍用力，即可将布料割开。开扣眼时，需在布料下方放置杂志或木块等。

★ **四孔纽扣的缝纫方法**　下述方法为利用频度最高的四孔纽扣缝纫方法。

1　用针将钉扣位置的布料挑起。

2　将线从纽扣上的小孔穿过。

3　从旁边的小孔穿出。

4　在钉扣位置再次入针，挑起布料。

5　在布料与纽扣之间留出相当于布料厚度的距离，但装饰纽扣不需要。

6　其他两个小孔的缝纫方法相同。反复操作2~3次即可。

引线方法

7　所有小孔缝纫完成后，将线从纽扣与布料之间的位置引出，在线上缠绕2~3圈。

8　针从纽扣下方的布料中穿过。

9　用线绕一个圆环，将针从中穿过，拉紧。

10　针穿过布料，从背面拉出，打结后，再次入针、拉线。

11　将线拉紧，剪断。

各式各样的纽扣

根据颜色、形状、大小以及小孔数目的不同，纽扣分为不同种类。下述纽扣的介绍之中，除实用性外，也包括了起装饰作用的漂亮纽扣。实用性纽扣包括按扣、起加固作用的小纽扣，以及带有磁性的磁力按扣。

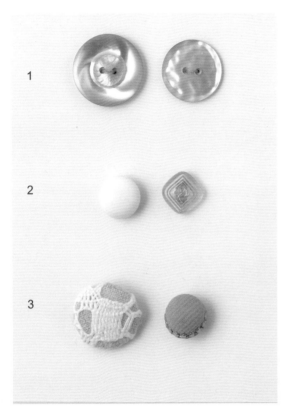

1 两孔纽扣……带有两个小孔的纽扣。缝纫方法与四孔纽扣相同。

2 暗眼扣……在表面看不到孔眼的纽扣。缝纫时，纽扣与布料间不用留出距离。

3 布包扣……暗眼扣的一种，表面包有布料。可以利用配套零件自己动手制作（详见P117）。

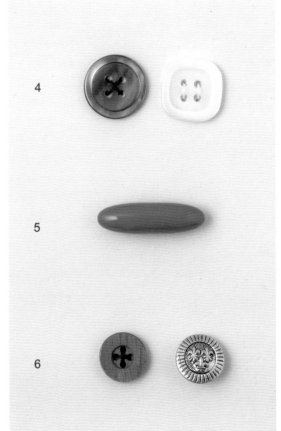

4 四孔纽扣……比两孔纽扣更为结实，实用性更强。

5 特殊形状的纽扣……形状各异，可根据缝纫作品选择合适的形状。

6 木质纽扣、金属纽扣……不同材质的纽扣为缝纫作品带来不同的风格。此外，还有水牛角等材质的纽扣。

第**10**课

■ 鸡眼的安装方法
■ 带环的制作与缝纫
■ 星针脚缝

安装鸡眼的方格平纹小布帘

在熟练掌握缝纫机的使用技巧后,

作品的完成速度将会有一个明显的提升。

帘子无论大小,

仅用直线缝便可制作,

如用缝纫机则更加简单。

安装鸡眼时需用到专用工具。

缝纫带环的印染窗帘

窗帘是室内装饰的重要组成部分。

遇到自己中意的印染花布,

将其缝成一个可爱的窗帘,

装饰在窗边,增添生活情趣。

使用其他布料制作带环,

可以提升窗帘的华丽色彩。

65

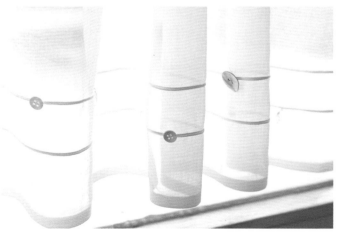

纽扣点缀的轻柔窗帘

随风轻轻飘荡的白色窗帘，
点缀上同色系的细绳与纽扣，
这一完美搭配令人无法拒绝。
带环可以选择手缝，
熟练掌握后，也可以利用缝纫机缝纫。
选用不同颜色的细绳与缝纫线，
也会为窗帘带来不同的风格。

材料 - 尺寸图 -

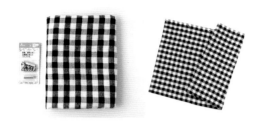

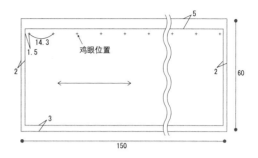

5

14.3
1.5
鸡眼位置
2
2
60
3
150

安装鸡眼的方格平纹小布帘

布料（麻布/方格平纹布）······60cm × 150cm
鸡眼（双面）······内径0.65cm 11个

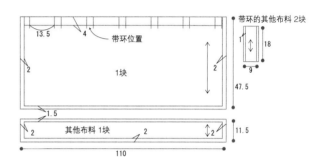

13.5
4
带环位置
带环的其他布料 2块
2
1
18
9
2
1块
2
47.5
1.5
2
其他布料 1块
2
11.5
110

缝纫带环的印染窗帘

布料（棉布/印花布）······110cm × 47.5cm
其他布料（棉布/浅蓝色）······110cm × 29.5cm

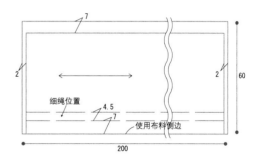

7
2
2
60
细绳位置
4.5
7
使用布料侧边
200

纽扣点缀的轻柔窗帘

布料（棉奥甘迪/白色）······60cm × 200cm
细绳······400cm
装饰纽扣、串珠······适量

单位：cm
＊窗帘的宽度请根据窗户的宽度进行相应调整。

方格窗帘

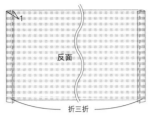

1 将布料两端折三折，缝纫。

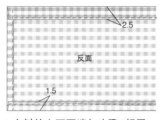

2 布料的上下两端与步骤1相同，折三折，缝纫。

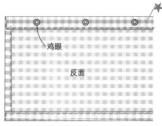

3 安装鸡眼。

印花窗帘

1 两种布正面相对放置。

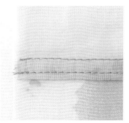

2 缝合两种布料，缝份采用折边叠缝法处理（具体方法详见P20）。

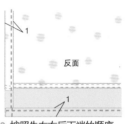

3 按照先左右后下端的顺序，将布边折三折，缝纫。

4 在上端缝合带环。

第10课 ★ 鸡眼的安装方法

由于金属环的形状与鸡的眼睛极为相似，因此称为鸡眼。利用工具，使金属环包裹住小孔边缘。

鸡眼分为"双面鸡眼"与"单面鸡眼"两种。这一课对双面鸡眼（如上图）的安装方法进行讲解。单面鸡眼的安装方法相同，但正面与反面稍有差异，安装时需要注意。

1 在安装鸡眼的位置做记号。

2 利用锥子钻孔。

3 用剪刀将布料上的小孔剪成十字。

4 鸡眼放置在反面，确认孔的大小，将多余布料剪掉。下图为剪好的小孔。

5 以杂志或木块等为基台，用锤子轻轻敲打敲钉器，安装鸡眼。

完成后（正面）

完成后（反面）

细绳窗帘

1 用画粉在细绳的缝纫位置做标记。

2 使用星针脚缝，将细绳缝纫在相应位置上。

3 剪掉多余的细绳。

反面

1   1

4 将布料左右两侧折三折，缝纫。

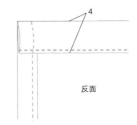

4

反面

5 布料上端折三折，缝纫，制作穿绳口。下端使用布料的侧边，不会开绽，因此不需处理。

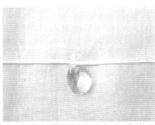

6 在细绳周边点缀纽扣、串珠等。

第10课 ★ 带环的制作与缝纫

窗帘上端环状穿绳口的制作方法。

1 使用熨斗，压出带环布料的缝份折痕。

2 将熨烫完折痕的布料对折，缝合布边。

3 将窗帘布上端折三折，将对折后的带环夹在布料中，可用珠针固定。

4 连同夹在布料中的带环一起，缝纫窗帘的上端。

5 向上翻折带环，固定在窗帘布料上。

＊缝纫时，应使用同色系的缝纫线，现为清晰演示，改变了线的颜色，加以说明。

★ 星针脚缝

与半回针缝相似，后退针脚仅为0.1cm左右，因此正面的针脚极为隐蔽，看上去如同星星，故而称为星针脚缝。

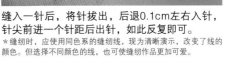

缝入一针后，将针拔出，后退0.1cm左右入针，针尖前进一个针距后出针，如此反复即可。

＊缝纫时，应使用同色系的缝纫线，现为清晰演示，改变了线的颜色。但选择不同颜色的线，也可使缝纫作品更加可爱。

完成后（正面）

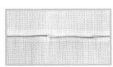

完成后（反面）

斜纹带沿边餐桌布

沿边可以防止布边线头开绽，
有助于提高缝纫作品的耐用性与美观度。
沿边方法分为圆角与方角两种，在熟练掌握这两种缝纫方法之后，
不妨尝试一下如何使用斜纹带滚边。

材料 ---

圆点餐桌布

表布（棉麻/圆点）……39cm×22.5cm
其他布料（麻/白色）……39cm×7.5cm
里布（麻/浅棕色）……39cm×28cm
沿边带（针织布）……1.1cm×125cm
麻绳……10cm

条纹餐桌布

表布（棉麻/条纹）……39cm×22.5cm
其他布料（麻/白色）……39cm×7.5cm
里布（麻/浅棕色）……39cm×28cm
斜纹带（棉/方格平纹布）……50cm×50cm
布带……4cm×140cm
麻布带……1cm×10cm

尺寸图 ---

圆点餐桌布

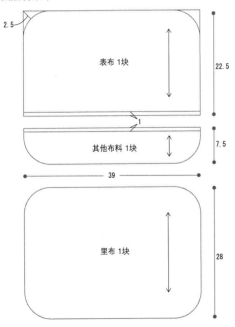

条纹餐桌布

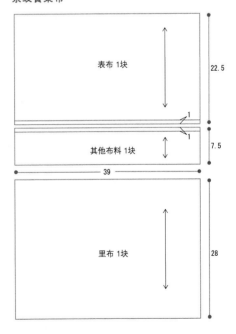

单位：cm

圆点餐桌布

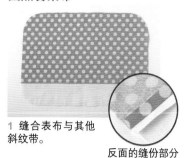

1 缝合表布与其他斜纹带。

反面的缝份部分

2 表布与里布背面相对放置，假缝四周。

3 将针织沿边带打开，围绕假缝后的斜纹带缝纫一周。上图为缝纫起点与终点。

4 在缝至圆角部位时，切记不可拉伸沿边带，使其自然沿弧度缝纫即可。

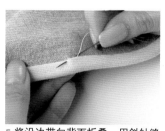

5 将沿边带向背面折叠，用斜针缝或立针缝缝纫边缘。

6 在餐桌布一角缝纫麻绳。

第11课 ★ 斜纹带的制作方法

沿边用的斜纹带可以从市场上购买，也可以自己制作。

斜纹带的裁剪方法

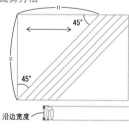

45°

45°

沿边宽度

在与斜纹带纹路呈45°夹角的方向画线，沿线裁剪。裁下的布带宽度约为沿边宽度的4倍即可。

斜纹带的连接方法

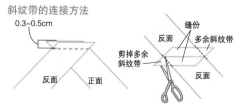

0.3~0.5cm

反面　正面

缝份

多余斜纹带

剪掉多余斜纹带

反面

反面

1 将裁剪后的布正面相对，按照图中的方法放置，缝合。

2 分开缝份，剪掉多余斜纹带。

斜纹带的折叠方法

1 将斜纹带两端向中心对折。

2 再次对折。

滚边器的使用方法

1 倾斜裁剪斜纹带后，将其穿入滚边器中。可利用锥子推送斜纹带。

2 移动工具的同时熨烫斜纹带。

条纹餐桌布

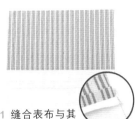

1 缝合表布与其他布料。

反面的缝份部分

表布（正面）

2 表布与里布背面相对，假缝四周。

里布（正面）

3 将斜纹带缝在布料四周。

4 在餐桌布一角缝上麻布带。

第11课 ★ **斜纹带的缝纫方法** 将对折后的斜裁布条缝纫在布料边缘的方法称为嵌边。

1 在正面缝斜纹带

将斜纹布带打开，用珠针将其固定在表布的边缘位置，用缝纫机缝合。

缝合起点与终点

①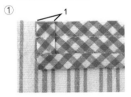

1

②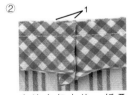

1

在缝合起点处，折叠布带一端，宽约1cm（①）。缝合结束时，终端与起点处布料重叠约1cm（②）。

四角的缝纫方法

①

②

③

④

缝纫至布角时（①），向正上方折叠布带（②），向下垂直折叠布带，使其边缘与布料边缘重叠（③），折出三角形部分留下，继续沿边缘缝纫（④）。

2 向反面折叠斜纹带

沿折痕向反面折叠滚边，使其包裹住布料边缘，并用珠针固定。

里布（正面）

四角的折叠方法

①  ② ③

将布带向上翻起，折向反面（①），与正面的重叠方向（②）相同，折叠背面四角的布带，并用珠针固定（③）。

3 缝纫背面的斜纹带

使用同色系的缝纫线，用斜针或立针缝缝合。

布带的种类

在缝纫世界中，布带的种类不计其数，挑选时往往令人眼花缭乱。即使同一种布带，使用不同的方法，缝纫作品的风格也会各具特色。下述布带是具有代表性的常见的几种类型。

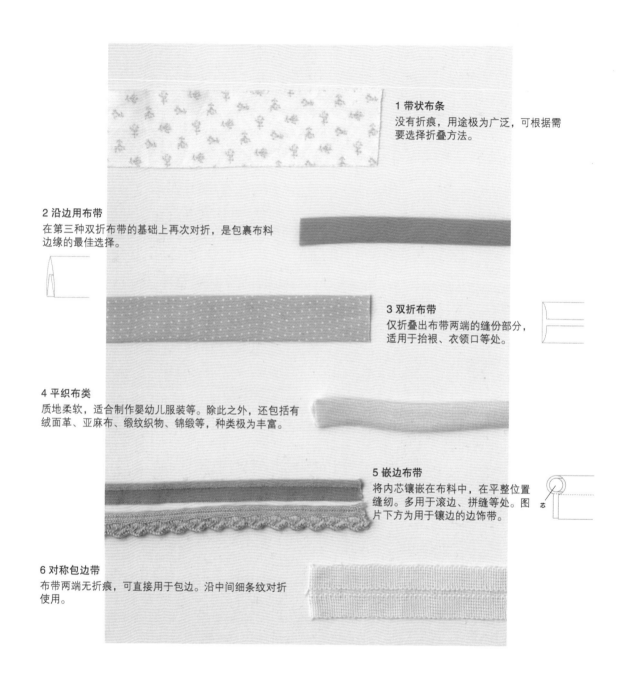

1 带状布条
没有折痕，用途极为广泛，可根据需要选择折叠方法。

2 沿边用布带
在第三种双折布带的基础上再次对折，是包裹布料边缘的最佳选择。

3 双折布带
仅折叠出布带两端的缝份部分，适用于抬根、衣领口等处。

4 平织布类
质地柔软，适合制作婴幼儿服装等。除此之外，还包括有绒面革、亚麻布、缎纹织物、锦缎等，种类极为丰富。

5 嵌边布带
将内芯镶嵌在布料中，在平整位置缝纫。多用于滚边、拼缝等处。图片下方为用于镶边的边饰带。

芯

6 对称包边带
布带两端无折痕，可直接用于包边。沿中间细条纹对折使用。

第*12*课
- ■嵌边的方法
- ■绗缝棉的缝纫方法
- ■对称包边带的缝纫方法

茶壶保温套与衬垫

使用自己制作的茶壶保温套与衬垫，

享受轻松舒适的下午茶时光，

是不是很惬意？

那就快快记住嵌边、绗缝棉以及包边带的使用方法吧！

附有纸样的保温套，制作起来将更加简单。

材料 --

茶壶保温套

表布（麻/白色）……54cm×17.5cm
其他布料（麻/浅棕色）……54cm×7.5cm
里布（棉/苔绿色）……54cm×23cm
装饰碎布……适量
绗缝棉……54cm×23cm
嵌边（边饰带）……54cm
麻布带……（带环用）1cm×10cm
　　　　　（装饰用）2.5cm×28cm

衬垫

表布（麻/浅棕色）……17cm×17cm
里布（麻/条纹）……17cm×17cm
绗缝棉……17cm×17cm
对称包边带……3cm×54cm
麻布带……1cm×10cm
双面胶……54cm

尺寸图 --

衬垫

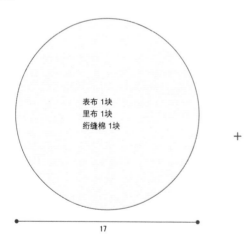

表布 1块
里布 1块
绗缝棉 1块

17

刺绣图案

☆具体刺绣方法详见P116
☆保温套纸型详见P80

单位：cm

茶壶保温套

1 在表布上缝纫嵌边。

2 在装饰麻布带上以十字绣（详见P116）刺绣图案。

3 分别在表布与其他布料上刺绣，并缝合装饰麻布带与碎布。

4 将制作带环的布带假缝在表布上。

5 缝合表布与绗缝棉。

第12课

★ 嵌边的方法

嵌边，是一种用布带装饰的缝纫手法。
缝纫时，把布带夹在两片布料之间。

表布（正面）

1 用绗缝线，将嵌边假缝在表布上。

表布（正面）

2 将另外一块布料与表布正面相对放置。

表布（正面）

其他布料（反面）

3 将嵌边夹在表布与其他布料之间缝合。

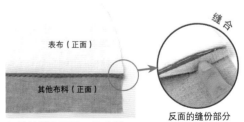

表布（正面）

其他布料（正面）

缝合

反面的缝份部分

4 沿针脚打开另一块布料。缝份向表布一侧折叠。

6 将表布与里布正面相对放置，用珠针固定。

里布（反面）

缝合下侧

7 缝合表布与里布。

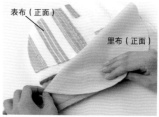

表布（正面）

里布（正面）

8 拉开里布。重复步骤1~5，缝纫另一块带有绗缝棉的表布。

绗缝棉

9 将带有绗缝棉的两块表布正面相对放置。

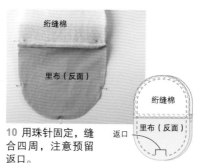

绗缝棉

里布（反面）

绗缝棉

里布（反面）

返口

10 用珠针固定，缝合四周，注意预留返口。

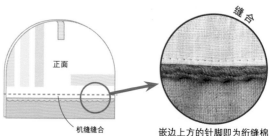

缝合返口

里布（正面）

11 从返口将布料翻回正面，用立针缝缝合返口。

第12课 ★ 绗缝棉的缝纫方法

在布料上缝纫绗缝棉，可以提高保暖性。

在布料上缝合绗缝棉，可增加布料厚度，提升松软度。绗缝棉分不同厚薄、不同材质，种类颇多，更有可用熨斗熨烫完成粘贴的"黏合绗缝棉"，简单、便捷。

绗缝棉

正面

1 将绗缝棉裁剪成与表布相同的大小，并与表布重叠放置。

正面

机缝缝合

2 为防止绗缝棉与布料偏移，须将其与布料缝合。

缝合

嵌边上方的针脚即为绗缝棉的缝纫针脚。缝合时尽量隐藏针脚。

衬垫

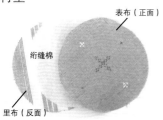

表布（正面）

绗缝棉

里布（反面）

1 在表布上提前刺绣。里布、绗缝棉、表布重叠放置。

2 用绗缝线将三块布料假缝在一起。

3 在边缘缝合包边带。

4 缝纫麻布带环。

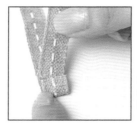

如图所示，折叠布带的一端，另一端夹在中间。将折叠的一面朝上，缝纫在衬垫上。

第12课 ★ **对称包边带的缝纫方法** 对称包边带包括羊毛、亚麻、腈纶等材质。

1 用熨斗将双面胶粘贴在表布的边缘。

2 揭下双面胶的剥离纸。

3 再次用熨斗将包边带粘贴在布料边缘。

4 折叠包边带，裹住布边，并用珠针固定。

5 折叠包边带的一端，与起始端稍稍重叠。

6 用缝纫机，缝合包边带与布料。

茶壶保温套的纸型
扩大143%后使用

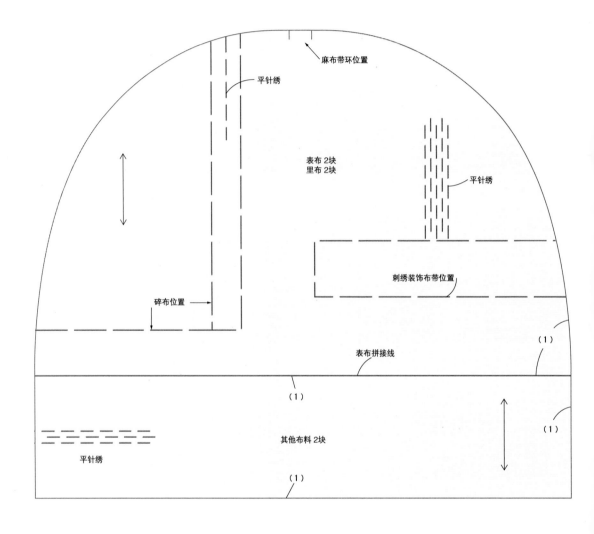

麻布带环位置

平针绣

表布 2块
里布 2块

平针绣

刺绣装饰布带位置

碎布位置

表布拼接线

（1）

（1）

（1）

其他布料 2块

平针绣

（1）

刺绣图案

单位：cm
（ ）内为缝份尺寸

80

技巧提升篇

简单服饰

＊在技巧提升篇中（P81~108），我们对作品缝纫过程中的重点进行了详细解说。重点部分标注有★符号，并绘有红色边框。

■ 细绳的缝纫方法
■ 荷叶边的制作与缝纫

制作简单的细绳围裙

细绳两端打结后缝在围裙上，

便可用来挂抹布。

无论是做饭还是大扫除，

你都能够用到。

快来制作一条属于你的围裙吧！

布满褶皱的荷叶边围裙

充满少女情怀的荷叶边，

机缝即可轻松完成。

在最基础的样式上，

变换印花布或刺绣花纹，

便能够为作品增添不同的色彩。

材料 --

细绳围裙

布（亚麻棉布/白色）······108cm×45.5cm
口袋用其他布料（棉/方格）······40cm×37cm
碎布······适量
麻布带······1.8cm×73cm 2条
细绳······60cm

荷叶边围裙

布（棉/方格平纹布）······144cm×70.5cm
蕾丝······34cm

尺寸图 --

细绳围裙

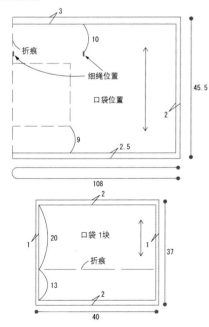

3
10
折痕
细绳位置
口袋位置
45.5
2
9
2.5
108

2
20
口袋 1块
1
1
折痕
37
13
2
40

荷叶边围裙

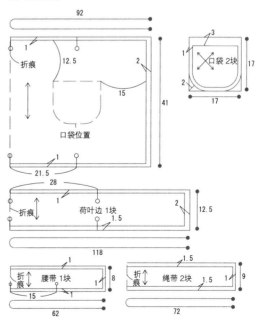

92
1
折痕
12.5
2
15
口袋位置
41
21.5
1
28
折痕
荷叶边 1块
1.5
2
12.5
118
折痕 腰带 1块
15 1
1
8
62

3
1
口袋 2块
17
2
17

折痕 绳带 2块 1.5
1.5
1
9
72

单位：cm

★ 细绳的缝纫方法　　制作细绳围裙

1 布边的处理

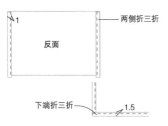

按照左、右、下端的顺序，布边折三折，机缝。

2 围裙绳带的缝纫

①布料上端折三折，将麻布带夹在中间。

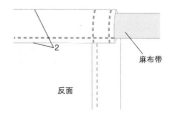

②缝麻布带与上端布边。

3 口袋的制作

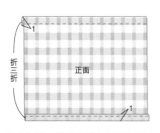

①分别将口袋的上端与下端向反面、正面折三折，缝纫。

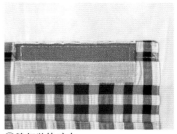

②布料下方沿折痕向上折叠，折叠两侧缝份。

③缝纫装饰碎布。

4 缝纫口袋

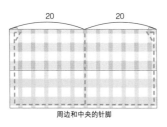

将口袋放在表布正面，用缝纫机在周边与中央间隔线上缝纫。口袋两端的针脚缝纫成三角形，起加固作用。

5 缝纫挂抹布的细绳

在细绳两端打结，在3处缝合位置将细绳缝在围裙上。

缝纫细绳

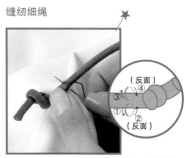

从细绳中央入针，上下引线，如同画8字。反复缝2~3次即可。

★ 荷叶边的制作与缝纫　制作荷叶边围裙

1 制作荷叶边

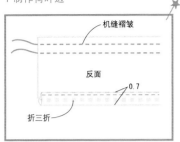

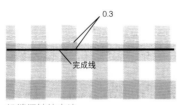

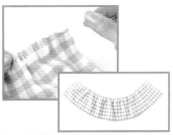

①将荷叶边的布料下端折三折，缝合，上端机缝褶皱。

机缝褶皱的方法
在完成线上端0.3cm处粗缝（即上线偏松）两条平行线。

②左手捏住布料，右手将两根粗缝线一同拉出，即可捏出褶皱。右下角图片为捏出褶皱的荷叶边效果图。

2 缝纫荷叶边

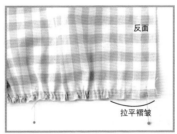

①将表布与荷叶边正面相对放置，对齐，用珠针固定。

②布料边端需折三折后缝纫，因此须将褶皱拉平。

③用熨斗整理缝份部分的褶皱。

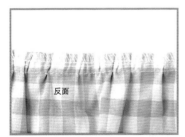

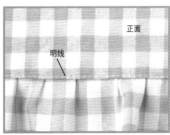

④用缝纫机缝合荷叶边。布边使用锁边机或包缝机处理。

缝纫褶皱
缝合时利用锥子整理褶皱，作品会更加漂亮。

⑤缝份向上方折叠，并以明线缝纫。

85

3 缝纫口袋

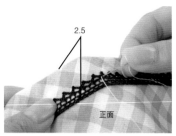

①将袋口折三折，宽约2cm，并以星针脚缝将装饰蕾丝缝在袋口。

②折叠口袋其他部位的缝份，并用熨斗压出折痕。

③缝纫口袋。袋口两端的三角形针脚起到加固作用（右图）。

4 腰身位置的褶皱

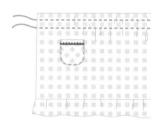

在表布的腰身位置机缝褶皱，制作褶裥。

5 布边的处理

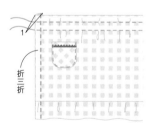

布料两端折三折，缝纫。

6 腰带与绳带的制作

绳带的制作方法

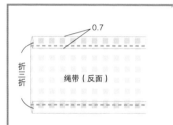

①将绳带的上下两端折三折，缝纫。

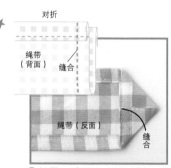

②绳带一端如左上图对折、缝纫后，再折叠成上图的三角形，缝纫。

③在绳带的另一端折叠褶皱，使其宽约3cm（即腰带的宽度），假缝固定。另一根绳带的处理方法相同。

腰带的制作方法

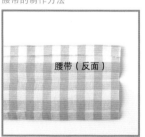

④折叠腰带布料的缝份，用熨斗压出折痕。

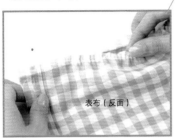

①腰带布料与表布的腰身部位正面相对放置，用珠针固定。

背面
腰带布料的两端，在外侧预留宽约1cm的缝份。

②机缝腰带。

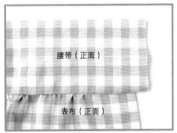

③向上折叠腰带的布料。

④将绳带放在腰带布料的上方，正面相对。

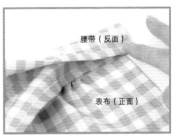

⑤折叠腰带布料，将绳带夹在中间。

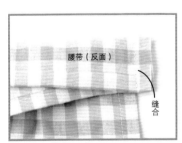

⑥缝合腰带的两端。

⑦将腰带布料翻回正面。右下图为完成后的效果图。

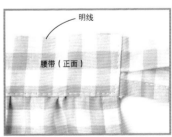

⑧在腰带四周缝纫明线。

褶裥长围裙

胸前的褶皱是亚麻布（麻布）围裙的点睛之笔。

细长的褶裥可以增添线条感，

提升围裙的立体效果。

材料 -

布（麻布/浅棕色）……90cm×118cm
棉布带……（腰带用）2cm×75cm 2根
　　　　　（抬根用）2cm×149cm
斜纹带（双折型）……1.2cm×90cm

尺寸图 -

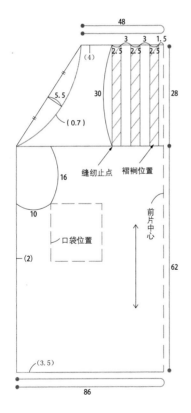

縫纫止点　褶裥位置
口袋位置
前片中心

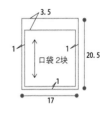

口袋 2块

单位：cm
（ ）内为缝份尺寸

★ 褶裥的缝纫方法

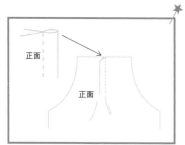

①沿符号位置折叠褶裥，用缝纫机缝合。

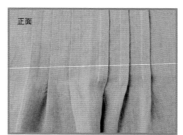

②所有褶裥以正中央为对称轴，分别倒向两侧。上图为褶裥完成后的效果图。

★ 抬裉的处理方法（斜纹带/贴边）

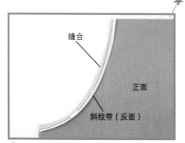

①将斜纹带缝纫在抬裉表布正面。

②向反面折叠斜纹带。

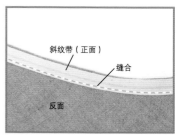

③机缝折叠后的斜纹带。

1 处理上端

将上端布料折三折，缝合，制作穿绳口。

2 处理两端

①将布边折三折，如上图所示，将布带夹在中间，缝纫。

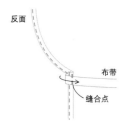

②如图所示，拉起布带，在缝合点处固定布带。布带的另一端也折三折后缝纫。

3 下摆的处理方法

反面

2.5

将下摆折三折，缝合。

4 口袋的缝纫

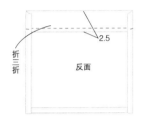

2.5

折三折

反面

①将袋口的布料折三折，边宽约为2.5cm，缝合。折叠其余各边，并用熨斗压出折痕。

缝合

口袋四周的针脚

正面

袋口部分的针脚示意图

②将口袋放置在围裙上，缝合。袋口两端针脚缝纫成三角形可起到加固作用。

5 在上端穿过布带

利用穿绳器将布带从上端的穿绳口穿过。布带两端折三折，边宽约1cm，缝合。

领口处有褶裥的条纹无袖衫

在领口处缝纫褶皱，再以斜纹带处理缝份。

简洁的无袖衫因领口的褶皱而增添了几分可爱。

第16课 ■抽褶的方法

可爱的抽褶吊带衫

调整缝纫机底线，即可瞬间完成抽褶。
不需繁琐的标记，制作过程简单快捷。
下摆点缀以楼梯花边，增添可爱色彩。

材料 --

条纹无袖衫

布（棉/条纹）……110cm×120cm
斜纹带（双折型）……1.8cm×168cm

抽褶吊带衫

布（杨柳棉）……90cm×102cm
楼梯花边……2cm×124cm
弹力棉线……适量

尺寸图 --

抽褶吊带衫

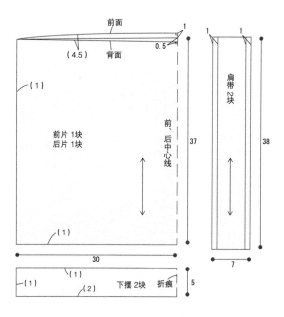

单位：cm
（ ）内为缝份尺寸

★ 领口处褶皱的缝纫　　条纹无袖衫

1 缝纫两侧及肩部

将前后两片表布正面相对放置，缝合肩部与两侧。布边用锯齿绣或包缝机处理。

肩部缝合后效果图。

＊缝纫时，应使用同色系的缝纫线，现为清晰演示、改变了线的颜色。

通常来说，服装的缝份向后片折叠（根据布料质地不同，也有将缝份分开的情况）。

2 缝纫领口处褶皱

①在前片领口处机缝褶皱（具体方法详见P85）。

＊通常情况下，机缝褶皱需粗缝2条线，但此处为将机缝针脚隐藏在斜纹带中，故而仅缝纫1条。

②拉线，抽出褶皱。

褶皱完成后的效果图。利用熨斗压出缝份，整理好褶皱后，缝纫斜纹带，并随时整理，方可缝纫出漂亮的褶皱。

尺寸图 ---

条纹无袖衫

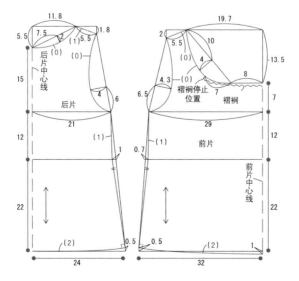

单位：cm
（　）内为缝份尺寸

★ 领口与抬裉的处理方法（斜纹带/嵌边）

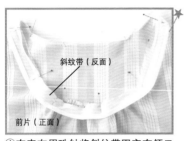

①在表布用珠针将斜纹带固定在领口边缘处。

折叠斜纹带一端，宽约1cm。

调整前领口部分的褶皱。

②用缝纫机缝合斜纹带。缝纫至褶皱位置时用锥子按压，可使作品更加漂亮。

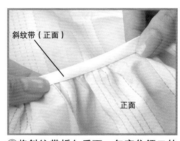

③将斜纹带折向反面，包裹住领口的布边。

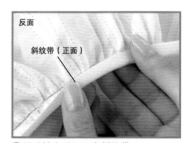

④用珠针在反面固定斜纹带。

⑤翻回正面，在斜纹带的边缘处缝纫明线。

⑥抬裉相同，利用斜纹带处理缝份部分。

下摆的处理方法

将下摆布料折三折，缝纫。

★ 抽褶的方法

制作抽褶吊带衫

1 在布料上缝纫花边

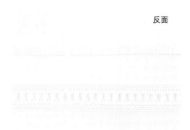

反面

①折叠花边缝纫位置的缝份，布边用锁边机或包缝机处理。

正面

②用珠针将花边固定在布料上。

③用缝纫机缝合布料与花边。

2 两侧与下摆的处理

反面

①将前片与后片正面相对放置，缝合两侧。缝份的布边用锁边机或包缝机处理。

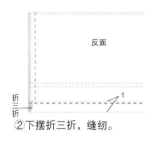

反面

折三折

②下摆折三折，缝纫。

3 抽褶的方法

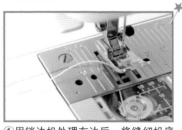

①用锁边机处理布边后，将缝纫机底线替换为弹力棉线。

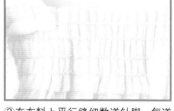

反面

抽褶针脚的反面示意图。抽褶时，需将缝纫机上线稍稍调松。

* 为清晰演示，更换了上线的颜色。

②上端折叠宽约4.5cm的缝份后，开始缝纫、抽褶。

③在布料上平行缝纫数道针脚，每道针脚的间隔相等。

4 肩带的缝纫

正面

①折叠肩带布料的缝份，用缝纫机缝纫侧边，制作肩带。

②肩带长度根据自身情况进行调整，用珠针固定，缝合。上图为缝合后的正面效果图。

反面效果图。

97

直线裁剪的收裥裙

在腰身处简单处理后穿上松紧带，直线裁剪的布料瞬间变成了漂亮的收裥短裙。

不需要调节布料的尺寸。将长度不同的三块布料重叠，便可收获另外一种风格。

可自由调节腰围的包裙

褶裥缝纫出具有简洁感的包裙。

同样的款式，不同的布料，

却给人完全不同的印象。

你打算用哪种布料制作呢？

材料 --

收裥裙

布料A（棉/圆点）……87cm×125cm
布料B（棉巴厘纱/白色）……87cm×253cm
松紧带……2cm×64cm

包裙

布料（棉/条纹或印花）……105cm×178cm
按扣……1对
包扣（零件）……直径1.5cm 1个

尺寸图 --

收裥裙

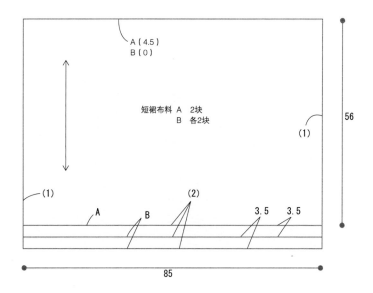

A（4.5）
B（0）

短裙布料 A　2块
　　　　　B　各2块

(1)

56

(1)

(2)

A　　B　　　　　　　3.5　3.5

85

单位：cm
（）内为缝份尺寸
☆包裙尺寸图见P102

收裙裙

1 缝纫两侧

分别将三块表布正面相对，缝合两侧。缝份的边利用锁边机或包缝机处理。缝份向后侧折叠。

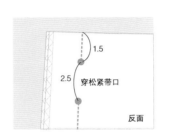

1.5

2.5 穿松紧带口

反面

缝纫时，仅在短裙A（即最外侧短裙）的上端预留松紧带的穿口。并将短裙A的缝份分开。

2 下摆的处理

反面

折三折

1

分别将三块布料的下摆向上折三折，缝纫。

3 腰带的缝纫

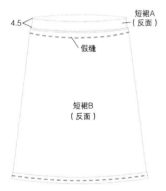

4.5

短裙A（反面）

假缝

短裙B（反面）

①将短裙B（位于内侧的两条短裙）放置在距离短裙A上端4.5cm的位置上，假缝。

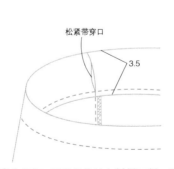

松紧带穿口

3.5

②将短裙A腰带部位的布料折三折，缝纫。以最外侧布料包裹住内侧2块布料为宜。

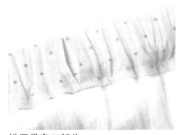

松紧带穿口部分

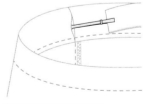

③利用穿绳器穿松紧带。

包裙

1 缝纫两侧

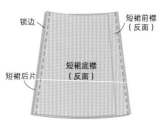

锁边
短裙前襟（反面）
短裙底襟（反面）
短裙后片

将表布相对放置，缝合两侧。缝份的边利用锁边机或包缝机处理。

2 处理布边

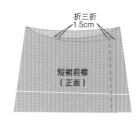

折三折 1.5cm
短裙前襟（正面）

①将前端的布边折三折，缝纫。

折三折1.5cm

②下摆折三折，缝纫。

3 缝纫褶裥

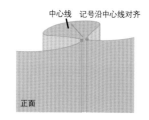

中心线　记号沿中心线对齐
正面

①将两端记号对齐，折叠褶裥，并用珠针固定。

反面

②缝纫褶裥。

正面

③将褶裥倒向一侧，并用熨斗熨烫。

尺寸图

包裙

☆成品的腰围尺寸为76cm，但可以利用纽扣位置调节。

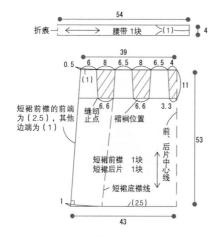

54
折痕　←→　腰带 1块（1）　4

39
0.5　6　8　6.5　8　8　4
（1）
11
短裙前襟的前端为（2.5），其他边端为（1）
缝纫止点　6.6　6.6　3.3
褶裥位置
前后片中心线
53
短裙前襟 1块
短裙后片 1块
短裙底襟线
1　（2.5）
43

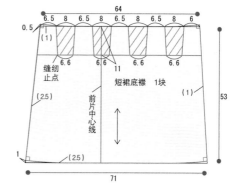

64
0.5　6.5　8　6.5　8　8　6.5　8　6
（1）
缝纫止点　6.6　6.6
11
短裙底襟 1块
前片中心线
（1）
53
（2.5）
1
71

单位：cm
（ ）内为缝份尺寸

102

4 腰带的处理方法
（详见P87腰带的缝纫方法）

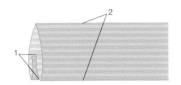

①折叠腰带的缝份，并用熨斗压出折痕。

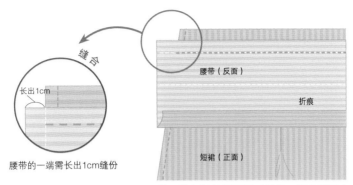

②腰带与短裙正面相对放置，用珠针固定后缝纫。

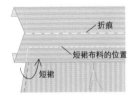

③向上折叠腰带，沿折痕正面相对对折。

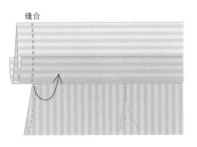

④将腰带两端缝合，翻转回腰带的正面。

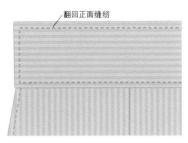

⑤围绕腰带四周，在正面缝纫明线。

5 开扣眼、钉纽扣

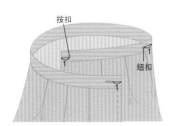

①确定纽扣的位置，做标记。

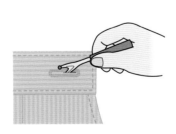

②利用缝纫机的锁扣眼功能缝纫扣眼，用拆线器割开扣眼。

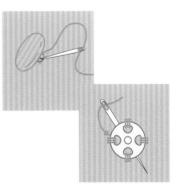

③在相应的纽扣位置缝纫按扣与纽扣（包扣做法详见P117）。

基本褶裥缝纫的连衣裙

最后，让我们一同学习连衣裙的制作吧！

肩部采用抽褶与拼接的设计，再加上灵巧的小袖，可谓独具匠心。

改变领口的斜纹带颜色将会为连衣裙带来不同风格。

材料 -

布料（棉/条纹）……112cm×187cm
斜纹带（沿边）……（领口用）0.7cm×64cm
斜纹带（双折型）……（抬根用）1.2cm×100cm

尺寸图·裁剪图 -

☆下图蓝色部分的纸型见P107、P108

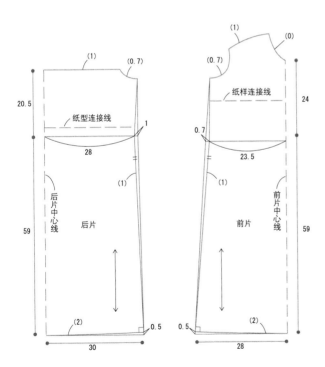

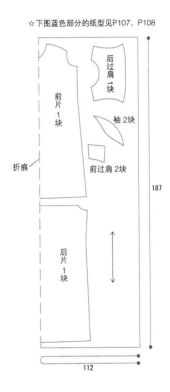

后片图：
(1)
(0.7)
20.5
纸型连接线
1
28
后片中心线
后片
59
(1)
(2)
0.5
30

前片图：
(1)
(0)
(0.7)
纸样连接线
24
0.7
23.5
前片中心线
前片
59
(1)
(2)
0.5
28

裁剪图：
前片 1块
后过肩 一块
袖 2块
前过肩 2块
折痕
后片 1块
187
112

单位：cm
（ ）内为缝份尺寸

105

1 前后过肩表布正面相对，缝纫肩部。

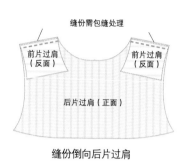

缝份需包缝处理

前片过肩（反面）　前片过肩（反面）

后片过肩（正面）

缝份倒向后片过肩

2 前后片褶皱的缝纫。

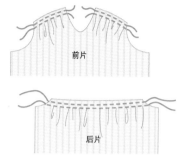

前片

后片

在布料上端机缝褶皱，引线抽褶

3 缝合过肩与前后片。

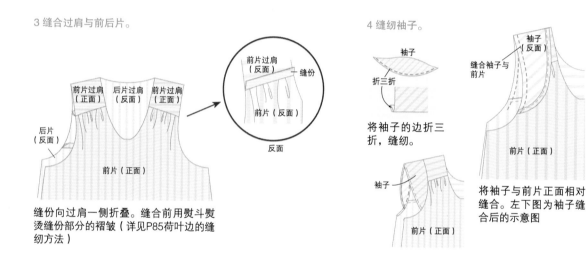

前片过肩（正面）　后片过肩（反面）　前片过肩（正面）

后片（反面）

前片（正面）

前片过肩（反面）

缝份

前片（反面）

反面

缝份向过肩一侧折叠。缝合前用熨斗熨烫缝份部分的褶皱（详见P85荷叶边的缝纫方法）

4 缝纫袖子。

袖子

折三折

袖子

前片（正面）

袖子（反面）

缝合袖子与前片

前片（正面）

将袖子的边折三折，缝纫。

将袖子与前片正面相对缝合。左下图为袖子缝合后的示意图

5 缝纫下摆与袖子。

前片（正面）

折三折

如图所示，将前后片正面相对，缝纫两侧与下摆。缝份向后片方向折叠

6 利用斜纹带处理领口与抬根。

领口（嵌边详见P96）

前片（正面）

抬根（贴边详见P90）

前片（反面）

连衣裙纸样
扩大200%后使用

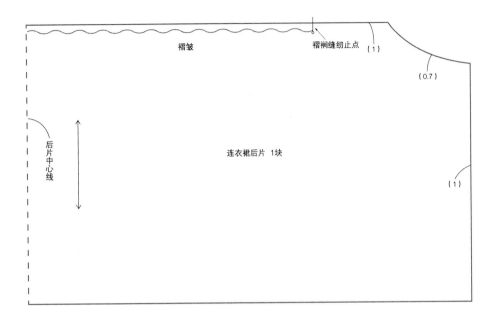

褶皱　　　　　　　　　　褶裥缝纫止点　（1）

（0.7）

后片中心线

连衣裙后片 1块

（1）

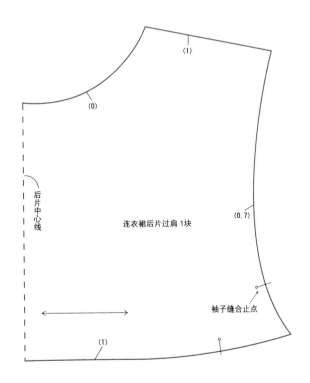

（1）

（0）

后片中心线

连衣裙后片过肩 1块

（0.7）

袖子缝合止点

（1）

单位：cm
（ ）内为缝份尺寸

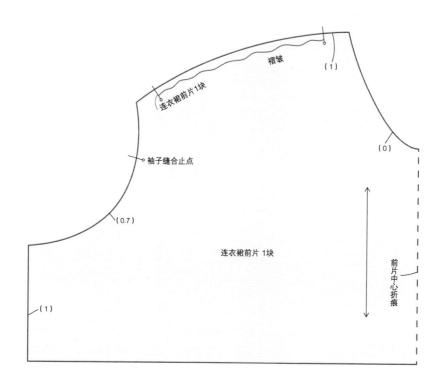

連衣裙前片1块

褶皱

（1）

袖子缝合止点

（0）

（0.7）

连衣裙前片 1块

前片中心折痕

（1）

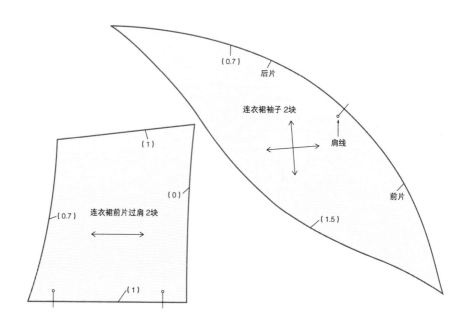

（0.7）

后片

连衣裙袖子 2块

肩线

前片

（1.5）

（1）

（0）

（0.7）

连衣裙前片过肩 2块

（1）

实用技能篇

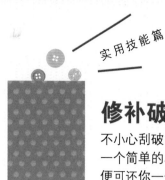

修补破洞

不小心刮破的或有破洞没法再穿的衣服不要扔，
一个简单的小技巧，
便可还你一件漂亮的新衣服！

◇利用黏合衬修补

在修补小破洞的时候，可以将黏合衬覆盖在破洞上，然后进行缝补。

1 将一块比破洞稍大的黏合衬覆盖在破洞的背面。

2 垫上背布，用熨斗将黏合衬熨烫在布料上。

3 用平针或半回针缝缝纫粘贴有黏合衬的部分，使其得以加固。

＊这里为清晰演示，选择了与布料颜色不同的缝纫线，实际缝补时尽可能选择与布料颜色相近的线。如果变换线的颜色，或许可提升衣服的配色效果。

◇使用斜纹布修补

使用斜纹布修补破洞，不仅实用，同时还可以对服装进行装饰，是适用于较大破洞的修补方法。

1 根据破洞大小，裁剪一块大小合适的布料覆盖在破洞反面。

2 依照自身喜好，用缝纫机在布料表面缝纫锯齿形针脚。宽度不规则的锯齿，反而可以使衣服更加可爱。

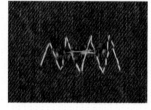

便捷的修补布

在市场上销售的修补布，使用方法简单便捷，不需使用针线便可完成破洞的修补。利用熨斗熨烫即可粘贴在布料上，因此适用于修补较大的破洞。
选择与布料质地相似、颜色相近的修补布是修补时需要注意的重点，因为这样才能使修补更加隐蔽。市场上销售的修补布种类颇多，使用方法也与上述黏合衬修补法相同。选用时，根据破洞大小裁剪修补布，布料大小尽量接近破洞，之后将其粘在破洞上即可。

接缝开线

常穿的衣服会经常摩擦袖口，
偶尔会出现接缝绽开的情况。
利用你的巧手复原这些衣物吧！

◇分开缝份的处理方法

在布料反面能够看
到针脚，重新缝纫
时与原针脚大小相
等的修补方法。

◇折叠缝份的处理方法

在折边叠缝等缝份
闭合的情况下，无
法看到针脚的修补
方法。

1 缝合的起点与终
点需与开线部分重
合并缝纫1~2cm。

1 对齐缝份，用珠
针固定。

2 将缝份对齐，用
回针缝缝合。缝合
结束时，来回缝2~3
针后，打结，将线
剪断。

2 采用立针缝缝合
针脚极为细小。缝
合的起点与终点需
与开线部分重合并
缝1~2cm。

完成后（正面）　　　完成后（反面）

完成后（正面）　　　完成后（反面）

＊修补时需尽量选择与布料颜色相近的线。针脚距离需与原针脚相近。

111

替换松紧带

松紧带弹力不足，变得松松垮垮时，
就需要更换一条新的松紧带。
下面的小诀窍将教你不使用穿绳器就能更换松紧带的便利方法。

1 没有松紧带替换口的情况下，可以利用拆线器拆开两侧的缝份。右侧图片即为侧边缝份拆开后的效果图。

2 拉出旧松紧带，剪断。

3 用别针将新松紧带固定在旧松紧带的一端。

4 从另一端将旧松紧带拉出。

5 旧松紧带完全拉出后，就完成了新松紧带的替换。

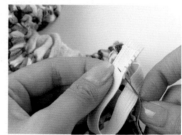

6 将替换后的松紧带两端重叠2~3cm，缝合。拆缝份替换松紧带，需将缝份重新缝合。

穿绳器的使用方法……………………………

替换松紧带的时候，可以使用穿绳器。在使用普通夹取式穿绳器的时候，可将固定环移开，将松紧带夹在穿绳器尖端即可。

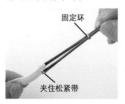

固定环

夹住松紧带

根据自身感觉选择松紧带……………………………

用于缝纫的松紧带种类很多，分为圆形松紧带、平松紧带、宽松紧带等。短裤、短裙等服饰最适合使用平松紧带。根据宽度、伸缩性（有松有紧）等因素，松紧带又可分为不同种类。因此，使用时需根据自身情况选择合适的松紧带。
另外，松紧带的长度也会影响衣服的穿着感觉。在替换松紧带前需试穿，以决定松紧带的长度。

修改裤腿长度

裤子是否合身，长度最为重要。
合适的裤腿长度，
可以提升裤子的整体感觉。

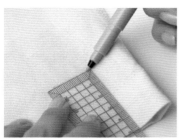

1 测量完成位置与裁剪位置（修改后的长度加上约宽5cm的缝份），绘制两条与裤腿下端平行的直线。

2 沿下端裁剪线，将多余布料剪掉。

3 将下端折三折，用熨斗压出折痕。

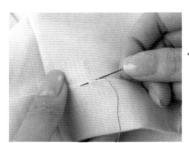

4 用珠针固定，斜针缝缝合。

紧身裙使用"藏针缝"

对于紧身裙等下摆与皮肤频繁接触的衣服，斜针缝的缝纫线容易磨断。藏针缝可以将针脚隐藏在布料之间，减少摩擦次数，更加结实。

简单省时的便利"改裤腿贴" ·······································

利用熨斗熨烫即可完成粘贴的改裤腿贴，使用起来很方便，但却缺乏耐用性。使用时，需尽量选择与衣服颜色相近的种类。

＊右侧图片为清晰演示，选择了较为醒目的颜色。

使用方法
折叠裤腿下端，用熨斗熨烫改裤腿贴，轻轻按压，使改裤腿贴粘贴在裤腿上。

完成后的样子。

标签的制作

在物品上标注自己的名字，
既可点缀装饰，也增强了实用性。
制作一枚属于自己的独有标签吧！

◆材料的准备

针，线，现有布带或缎带，印
章与布料专用染料，熨斗，绣
花线与刺绣针，碎布等。

◆ 图章标签

使用购买的字母印章，将自己名字的首
字母印在布带上，就完成了标签的制
作。如果觉得字母太单调，不妨换成
其他图案。对于还不识字的小朋友，可
以用动物、水果等可爱的图案代替孩子
的名字。如果使用自制橡皮图章（详见
P29）则更加便捷。

★制作方法

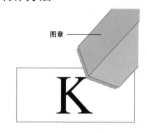

图章

①使用图章，蘸取布用染料，将图案印制
在布带上。待染料变干，垫上背布，用熨
斗熨烫，使染料完全附着在布料上。

用回针绣缝合四角

②向背面折叠两端，
四角用回针绣（详见
P116）缝合。

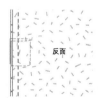

反面

②对折布带，将布带
夹在缝份中缝纫。

以身边物品为印章

细心寻找，便会在身边
找到许多可爱的"小图
章"。例如，用造型可
爱的纽扣代替图章，可
以得到一个非常可爱的
图案。以独特的图案代
替名字的首字母，也是
一个不错的创意。

◆ 刺绣标签

在为客人准备的毛巾上，绣上他的名字，会不会给他带来惊喜呢？各种刺绣针法的不同组合，能够生成各种图案、花样，使用范围极为广泛。给朋友的祝福或生日礼物，送上一份带有唯一刺绣标签的礼物，他一定会非常开心的！

★ 制作方法

回针绣

用刺绣线在布带上刺绣字母。两端折叠后，用回针绣缝在物品上。

＊刺绣的各种常见方法详见P116。

◆ 不同材料的叠加

在麻布带上缝一块皮革，立即呈现出不一样的效果。如果将这样漂亮的标签隐藏起来，那就太可惜了！不妨缝在领口上，成为衣服的亮点。小小的标签，却包含十足的乐趣。快拿起手中的零碎布料，做一枚独特的标签吧！

★ 制作方法

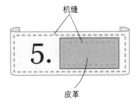

机缝

5.

皮革

使用缝纫机将碎皮革缝在麻布带上，并用图章印制图案。将布带两端折叠，机缝固定。

常用刺绣方法

如果想在服装、包包上烙下"自己的印记"，
刺绣是最简单、最方便的办法。
掌握要点，学习这些最为基础的刺绣针法吧！

◆ 必备工具

◇刺绣针

与普通缝纫针相比，刺绣针的针鼻儿更大，更易于穿线。在布料上刺绣的时候，需要使用针尖尖锐易于刺入布料的"锁边刺绣针"，而进行十字绣的时候，则需要使用针尖圆滑不易划坏布料的"十字绣针"。

◇刺绣线

经常使用的刺绣线为25号和5号。25号线由六根细线捻合而成，与纫缝线相似，使用时引出一根，根据刺绣图案选择双线、三线等。5号线偏粗，单线使用。

◆ 基本刺绣针法

平针绣

与"平针缝"相同，是针脚距离相等、沿直线刺绣的方法。

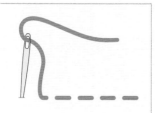

回针绣

与"回针缝"相同，是线穿过布料后退一个针距，针脚之间没有空隙的刺绣方法。

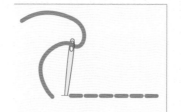

十字绣

反复搭十字的刺绣方法。利用布料线与线之间的距离表现图案。

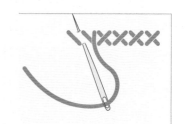

缎面绣

无间隙填补平面的刺绣方法。其名来源于缎面绣的表现效果。

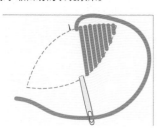

法式结粒绣

如同打结，是制作圆点的刺绣方法。常用于表现花蕊、动物眼睛等图案。

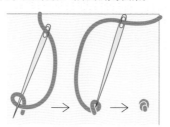

毛边绣

用来锁边的刺绣方法，也适用于锁扣眼。

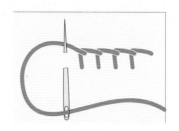

纽扣的替换

将纽扣全部换掉，既浪费又麻烦，
不如让我们和纽扣做个游戏吧！
独特的钉扣方法与布包扣做法，将为你带来不同的感受。

◆ 四孔纽扣的缝纫方法

不同的引线方法，为四孔纽扣增添不一样的色彩。独特的缝纫方法，会使纽扣成为衬衫袖口的点睛之笔。选择颜色醒目的线也是个不错的创意。

1 三叶形
以一个孔眼为基点，分别向其他几个孔眼引线。

2 口字形
圆形与方形的组合，俏皮可爱。

3 十字形
倾斜引线，给人以简洁感。

4 等号形
即使同为基础方法，改为横向引线，也会带来不一样的感觉。

◆ 包扣的制作方法

利用工具即可简单、快捷地完成包扣制作。用与作品相同的布料或刺绣花纹的布料，能使缝纫作品更加漂亮。

不同厂商的包扣工具也有所不同，但通常有包布的上扣、带有扣眼的下扣、按压下扣的按压棒以及底托。包扣的大小不同，制作时需根据其尺寸裁剪合适的布料。

1 裁剪大小合适的布料。
2 表布的正面朝下，放置在底托上。
3 将上扣放置在布料上，轻轻按压。
4 将布边塞入，按压下扣。
5 利用按压棒将纽扣压入底托中。
6 从底托中取出纽扣，完成。

纽扣缝纫的要点

简单回忆一下纽扣的缝纫方法吧。

◇双孔、四孔纽扣

在纽扣的孔眼中引线二三次，并留下约0.3cm长的距离（即纽扣与布料之间的线）。具体方法详见P63。

◇暗眼扣

不需预留距离，缝纫时，纽扣下方孔眼紧贴在布料上即可。在孔眼中绕线三四次，缝纫完成后，在布料反面打结。

◇加固纽扣

在衬衫的领口等处经常可以看到钉在布料反面的小纽扣，这些小纽扣起到了加固的作用。缝纫时，将线穿过加固纽扣的孔眼，与正面的纽扣一同缝纫即可。

旧物改造

旧物改造，对沉睡在角落里的物品赋予新的生命，
是缝纫独有的乐趣所在。
这些简单的小创意，将使你的心情轻松、舒畅！

材料：衬衫1件

衬衫变身靠背套

利用衬衫的扣子，制作靠背垫的入口，
一个漂亮的靠背套就这样简单地诞生了。
选一些可爱的纽扣钉在靠背套上，是不是很不错？
使用你曾经中意的衬衫，
制作一个具有纪念意义的靠背套吧！

★ **制作方法**

1 裁剪衬衫。靠背套尺寸加1cm的缝份即为所需布料的尺寸。

2 将两块表布正面相对，缝合四周。缝份的布边用锁边器或包缝机处理。

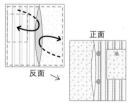

3 通过扣子部位将靠背套翻回正面，完成。

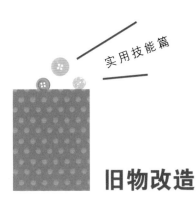

旧物改造

材料：T恤 2件（相同尺寸）
　　　松紧带宽1.5cm 适量

旧T恤变短裙

将两件旧T恤缝合成筒状，
简简单单地就完成了一件舒适度极高的短裙。
短裙下端即T恤的下摆，
省去了布边处理的麻烦。
在腰身部位穿上松紧带，尺寸的调整也十分简单。
如此轻快舒适的短裙，你想不想要一条?

★ **制作方法**

选择长度 根据自己喜好

1 将T恤裁剪成合适的长度。

反面

下摆

2 将两件T恤正面相对重叠放置，缝合裁剪处的布边。缝份的布边用锁边器或包缝机处理。

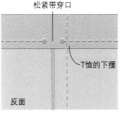

松紧带穿口

反面

T恤的下摆

3 缝合后展开，将腰身部位折叠成两层，预留松紧带穿口，缝纫。

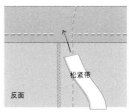

反面

松紧带

4 穿入松紧带，缝合穿口。

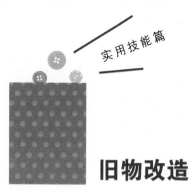

旧物改造

材料：头巾1条

漂亮头巾制作的手提袋

曾经非常喜欢的一条头巾，
可以把它变成每天使用的手提袋继续使用！
能装下许多物件，十分方便。
仅需将两端重叠缝合，制作简单便捷。
当然也可以选择大块的布料，制作一个漂亮的大手提袋！

★制作方法

1 沿对角线将头巾裁剪成
两个三角形。

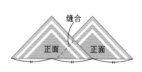

2 如图所示，等间距摆放布
料，缝合图中的一条边。

3 折叠三角形两端，将
另外一侧与步骤2相同
的位置缝合。

4 用袋缝法（详见P21）
缝合包底部分，翻回正
面。

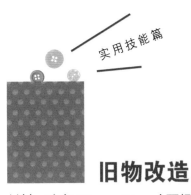

旧物改造

材料：碎布 50cm×10cm（可根据喜好调节）

松紧带宽0.6cm 长度适量

碎布头饰

用来扎头发的头饰，
有多少个都不觉得多。
少量碎布就可以做出一个头饰，
不妨多做几个送给朋友。
选择和连衣裙、短裙相同的布料制作的话，
佩戴在头上一定非常漂亮！

★制作方法

1 将裁剪后的碎布正面相对对折，在一端折叠出宽约1cm的边，缝合上端。

2 翻回正面，穿松紧带，将松紧带的两端打成死结。

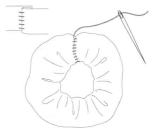

3 用立针缝缝合接口。

实用技能篇

旧物改造

材料：丝带 长13.5cm 若干

丝带抽纸盒

将一些稍长的丝带缝合在一起，
就是一块小小的布料。
将各种颜色的布料组合在一起，
做一个拼布作品吧，
和孩子一起享受这快乐的缝纫时间吧。

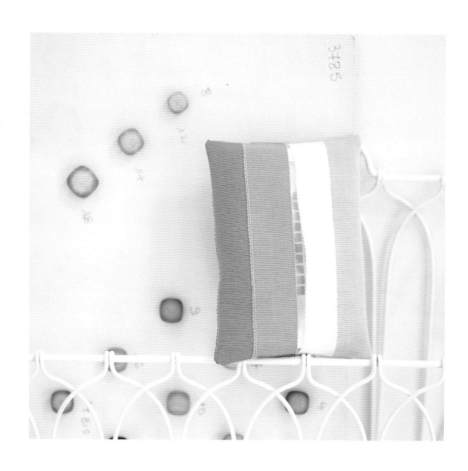

★ **制作方法**

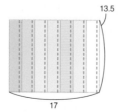

1 将丝带拼接成宽约
17cm的布片。

2 正面相对，缝合上下
两端。

3 翻回正面，完成。

后记

一边学习一边制作，效果如何？

每完成一件作品，都会异常开心吧!

抓住诀窍，尝试着去做各种缝纫作品，

你会在缝纫的世界中发现越来越多的乐趣。

下一次想要缝制怎样的作品呢？

相信你一定有非常多想做的东西，

那就赶快开始快乐的缝纫之旅吧!

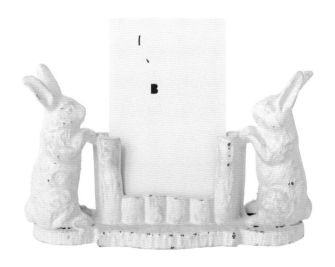

TITLE：［はじめてのおさいほうBOOK］

BY：［成美堂出版編集部］

Copyright © SEIBIDO SHUPPAN,2008

Original Japanese language edition published by SEIBIDO SHUPPAN Co.,Ltd.

All rights reserved. No part of this book may be reproduced in any form without the written permission of the publisher.

Chinese translation rights arranged with SEIBIDO SHUPPAN Co.,Ltd.,Tokyo through Nippon Shuppan Hanbai Inc.

本书由日本成美堂出版株式会社授权河南科学技术出版社在中国范围内独家出版发行本书中文简体字版本。

著作权合同登记号：图字16—2011—203

图书在版编目（CIP）数据

从零开始学缝纫 / 日本成美堂出版编辑部著 ; 赵怡凡译. —郑州 : 河南科学技术出版社, 2013.5
ISBN 978-7-5349-6111-3（2014.7重印）

Ⅰ.①从… Ⅱ.①日… ②赵… Ⅲ.①缝纫 – 基本知识 Ⅳ.①TS941.634

中国版本图书馆CIP数据核字(2013)第032770号

策划制作：北京书锦缘咨询有限公司（www.booklink.com.cn）
总 策 划：陈 庆
策　 划：李 伟
版式设计：季传亮

出版发行：河南科学技术出版社
　　　　　地址 : 郑州市经五路 66 号　　邮编 : 450002
　　　　　电话 :（0371）65737028　65788613
　　　　　网址 : www.hnstp.cn
责任编辑：刘 欣 刘 瑞
责任校对：李 琳
印　　刷：北京美图印务有限公司
经　　销：全国新华书店
幅面尺寸：185mm×260mm　　印张：8　　字数：180千字
版　　次：2013年5月第1版　　2014年7月第2次印刷
定　　价：36.00元

如发现印、装质量问题，影响阅读，请与出版社联系